더 센 놈이 오고 있다

더 센 놈이 오고 있다

초판 1쇄 발행 2021년 6월 10일

지은이 김성일

발행인 조상현
마케팅 조정빈
편집인 황경아
디자인 Design IF

펴낸곳 더디퍼런스
등록번호 제 2018-000177 호
주소 경기도 고양시 덕양구 큰골길 33-170
문의 02-712-7927
팩스 02-6974-1237
이메일 thedibooks@naver.com
홈페이지 www.thedifference.co.kr

ISBN 979-11-6125-310-7 03470

더센놈이오고있다

바이러스와 탄소의 반격

김성일 지음

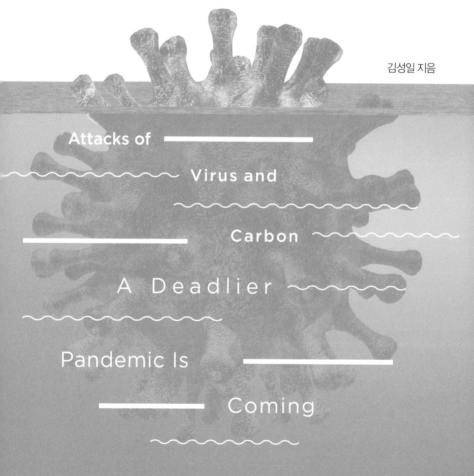

Attacks of

Virus and

Carbon

A Deadlier

Pandemic Is

Coming

더디퍼런스

김성일 교수를 안 지 꽤 됐다. 그로부터 시간이 꽤 흘렀는데, 그는 그때나 지금이나 여전히 청년이다. 끊임없이 도전하고 새로운 삶을 개척해 나간다. 낯선 일에 도무지 겁이 없다. 속으로는 어떤지 모르겠지만, 적어도 내 눈에는 늘 그렇다.

잠깐 소식이 뜸하다 싶으면 그는 언제나 새로운 일에 몰두하고 있곤 했다. 이번에도 서울대학 교수직에서 퇴직한 뒤 아들이 살고 있는 미국에 가서 자리를 잡느라 한동안 바쁘겠거니 생각했는데 그사이 유튜버로 변신했다고 한다. 그 소식만으로도 놀랄 일인데, 내게 새로 쓴 책의 원고를 보내왔다. 비록 방법은 달라졌지만, 그는 현직 교수 때와 다름없이 세상을 위해 뭔가 열심히 하고 있었다.

요 몇 년, 마음이 매우 답답했었다. 들려오는 세상 소식은 늘 마음을 혼란하게 했다. 과연 우리가 언제쯤이면 다시 힘차게 앞으로 나아갈 수 있을까. 도무지 가늠할 수 없는 시간이었다.

그런 내게 김성일 교수의 〈더 센 놈이 오고 있다〉는 오랫동안 기다려 온 단비와도 같았다. 그동안 코로나와 우리의 미래에 관한 많은 책과 연구 결과들이 나왔지만, 깊은 내용은 넓지 못했고 넓은 것들은 비교적 얕아서 아쉬웠다. 완성도가 높은 것은 우리나라의 현실과는 거리감이 많이 있었다.

역사 속에서 팬데믹이 인류의 역사를 완전히 다른 방향으로 나아가게 한 것처럼, 이번 팬데믹도 우리를 미지의 시대로 이끌어 갈 것이다. 그런데 한국 사회의 그 누가 그 시대를 내다보고 준비하고 있는가.

그런데 〈더 센 놈이 오고 있다〉에서 저자는 시대의 흐름을 읽어 내는 데에 과학자다운 예리함과 풍부한 현장 경험에서 오는 통찰력으로 지난 몇 년간 탐욕스러운 정부가 코로나라는 베일 뒤에 숨겨 왔던 진실과 은폐되어 온 우리의 상황을 조목조목 짚어 드러내고, 국제적인 전문가 집단들이 발표한 명쾌한 과학의 결과들을 통해 방향을 제시하고 있다.

무엇보다 코로나 팬데믹에 갇혀 있는 이 세대에게, 그 너머에 있는 완전히 새로운 시대를 보는 눈을 열어 준다. 또한 시시각각 다가오고 있는 기후 팬데믹의 위기에 눈을 뜨게 한다. 팬데믹을 권력의 도구로 악용하는 정부와 그로 인해서 엄청난 대가를 치러야 하는 국민을 향해서, 아프지만 우리가 인정해야 할 진실을 이야기함으로써 미래를 보게 한다. 희망을 품게 한다.

무엇보다 나와 같은 세대의 희망이자, 포스트 코로나 시대의 주역이 될 청년들에게 이 책을 강력하게 추천하고 싶다. 팬데믹 이후, 완전히 다른 시대가 올 것이다. 그 시대를 헤쳐 나가야 할 청년들에게, 이 한 권의 책은 꺼지지 않는 등불이 되어줄 것이다.

전 국회의장 **강창희**

세상이 이렇게 변할 줄은 몰랐다. 2020년 2월 말 인천공항의 적막함은 공포 그 자체였다. 미국행 비행기는 텅 비어 있었고 사람들은 서로를 경계했다. 모두가 잠재적 가해자들이다. 처음엔 얼떨떨하고 무서웠다. 곧 무기력해졌고 이내 자포자기했다. 사실을 알게 되면 무서움이 덜할까 싶어 매일 코로나 관련 국내외 기사를 읽었다. 그것이 유일한 낙이었다.

팬데믹이라는 악마는 죽음의 짙은 그림자를 드리웠지만, 천사는 디테일하게 인간의 행동을 바꾸며 생존을 도왔다. 가정집의 쓰레기는 늘고 탄소 배출은 잠시 줄었다. 거리의 자영업자들은 무너지고, 인터넷 회사들은 수직 성장하기 시작한다. 이혼이 늘어나는 와중에도 가족의 가치는 재조명되고 아이들의 교육은 엉망이 되는데, 어른들은 새로운 온라인 소통을 즐긴다. 잘나가던 외식업은 망하고, 망해 가던 골프 산업은 살판이 났다.

그런데 이 혼란한 변화 뒤에서 많은 노인들이 죽고, 여성들은 더 코너로 몰리며, 가난한 이들만 더 소외당했다. 우리의 행동 변화가 과거로 회귀할지 그대로 전진할지 두고 볼 일이다.

바이러스는 과정이지 실체가 아니다. 자신의 더 많은 복제를 만들기 위해 가상 유기체인 숙주의 세포 속에서 죽은 듯 산 듯 시간을 기다린다. 바이러스는 계획이나 욕망이 없다. 가장 단순한 삶의 목적, 즉 모든 방법을 동원해 자신을 복제한다. 세포 안이건 밖이건, 화학적 변이가 되건 말건, 이 모든 것을 초월한다. 너무 단순하고 소위 범죄의 동기가 없기 때문에 소탕 작전이 쉽지 않다.

은하계에는 수천억 개의 별들이 있고, 관측 가능한 우주에는 몇 조 개의 은하가 있다. 그러나 지구의 어느 조그만 생태계를 들여다봐도 과학이 말할 수 있는 모든 하늘의 별들보다도 많은 수의 바이러스들이 있다. 바이러스는 다른 어떤 포식자보다 더 많은 생물을 죽인다. 바이러스 때문에 유전적 선택과 교환이 허용되고 진화가 속도를 낸다.

생태학적으로, 바이러스는 우점종dominant species을 살육함으로써 다양성을 촉진하고, 희귀종들을 위한 공간을 만든다. 그렇게 균형 equilibrium을 유지시킨다. 지구의 최대 포식자이며 우점종인 인간에게 던지는 도전이자 경고의 메시지이다.

생태계는 인간을 비롯한 그 어떤 구성원에게도 친절하지 않다. 바이러스 없는 지구의 존재는 이미 현실적이지 않고 바람직하지도 않다. 생명의 경이로운 다양성은 죽음과 변화의 원천인 바이러스 때문이다. 바이러스는 우리의 엄연한 미래이다.

영원한 동토인 줄 알았던 시베리아가 서서히 녹으며 좀비같이 숨죽이며 수만 년을 견뎌온 이름 모를 바이러스들이 앞으로도 계속해서 등장할 것이다. 콩고의 고릴라 서식처 열대림이 훼손되면서 참고 참던 코로나바이러스 사촌들이 꾸물거리며 인간의 생태계인 도시로 기어 올 것이다.

잊을 만하면 우리를 괴롭히는 기상 변화도 더 잦아지고 강력해질 것이다. 작년 캘리포니아를 덮친 역대급 산불은 공기 청정 지역 주민들에게 마스크를 쓰게 했다. 결국 트럼프 지지자들도 모두 마스크를 착용했다. 캘리포니아를 포함한 미 서부는 올해 더 세게 찾아올 산불로 두려움에 떨고 있다.

내가 박사학위 공부를 했던 미국 텍사스는 눈이 오지 않는 건조하고 따뜻한 곳이다. 그런데 작년 폭설이 내려 얼어 죽는 사람들이 많았다. 스노타이어를 구하기가 불가능한 곳이라 코로나 백신 배달마저 끊겼다. '엎친 데 덮친다'는 말이 있다. 기상학과 생물학이 경고하고 있다. 기상 생물학적 재앙이 온다. 기후 변화와 바이러스가 함께 온다는 말이다. 지금 이미 벌어지고 있다. 과연 우리는 잘 견디어 낼 수 있을까.

그래서 한 가지 허망한 가설을 던지며 말을 맺고자 한다. 바이러스가 인간에게 새로운 삶의 지혜를 줄 거라는 가설이다. 인간이 선한 바이러스와 손잡고 혹은 AI 바이러스를 만들어 지긋지긋한 박테리아를 퇴치하고, 무시무시한 암도 물리치고, 공포의 핵폭탄도 무력화시킬 수 있을까? 또 공기 중의 온실가스도 영원히 토양 속에 묻어둘 수 있을까?

이 책이 나오기까지 두 작가분의 도움이 지대했다. 방대한 양의 자료 수집과 정리 그리고 최종 내용을 간추리기까지 영상통화를 수도 없이 했다. 워낙 급변하는 지구적 상황을 쫓고 업데이트하다가 적절한 출간의 시기를 놓친 감도 있지만, 생각해 보면 역시 지금이 최선이다.

책이 세상에 나오게 해주신 더디퍼런스의 조상현 대표께 감사드린다. 편집, 디자인, 유통 등 조 대표 뒤의 실무자들에게도 큰 감사를 드린다.

마지막으로 부족한 글을 읽어 주실 독자 여러분께 감사드린다.

부디 제2의 팬데믹에서도 살아남으시라.

미국 캘리포니아 댄빌에서

김성일

목차

3. 팬데믹과 경제 그리고 도시

4. 기후 팬데믹을 대비하라: 탄소 제로

5. 안전하고 행복한 일상의 재건을 위하여

폭풍은 지나갈 것이고, 인류는 살아남을 것이며,

우리 대부분은 여전히 살아 있을 것이다.

하지만 우리는 다른 세계에 살 것이다.

– 유발 하라리 Yuval Noah Harari

1

지금은
팬데믹 시대

Attacks of Virus and Carbon
A Deadlier Pandemic Is Coming

제 1 장

인류 역사의 축을 돌리는 힘, 팬데믹 연대기

A Deadlier Pandemic Is Coming

542년 초, 페스트가 동로마 제국 수도 콘스탄티노플을 강타했다. 사망자는 하루에 만 명 이상으로 추정되고, 750년이 되어서야 완전히 자취를 감추었다. 그쯤 되자 새로운 세계 질서가 생겨났다. 강력한 새로운 종교인 이슬람교가 생겨났고, 그 추종자들은 아라비아반도와 함께 유스티니아누스의 제국이었던 영토를 통치했다. 한편 서유럽의 대부분은 프랑크족의 지배를 받았다. 인구 약 50만 명의 로마는 인구 약 3만 명의 도시로 추락했다.

역사는 사람뿐 아니라 미생물에 의해서도 쓰이고 있다. 실제로 역병은 멀쩡하게 잘 살아가던 인간의 수명을 하루아침에 중단시키거나 단축시킨다. 역병으로 인해 전쟁이 시작되기도 하고, 분노

한 시민들에 의해 지도자가 쫓겨나기도 한다.

가장 최근에 발생했던 강력한 역병인 천연두는 그것이 등장해서 완전히 퇴치되었던 20세기 중반까지 약 10억 명의 생명을 앗아갔다. 그럼에도 불구하고 인류는 천연두가 어떻게 발생했는지 지금도 정확하게 알지 못한다. 단지 천연두 바이러스가 우두(소의 바이러스성 질병)와 낙두(낙타의 바이러스성 질병), 원두(원숭이의 수두 비슷한 전염병)에서 비롯되었으며, 인간이 야생 동물을 가축화하면서 사람에게 감염되었을 것으로 추정하고 있을 뿐이다.

천연두가 처음 발견된 것은 기원전 1157년에 죽은 람세스 5세를 비롯한 이집트 미라에서다. 로마인들은 162년 파르티아인들과의 전쟁에 나갔다가 바그다드 근처에서 처음으로 수두에 감염됐다. 로마의 의사 갈렌은 이 새로운 병을 앓은 사람들에 대해서 "대부분의 경우 불결하고 완전히 말라 버린 발진을 겪었다."라고 보고했다. 그래서 이 전염병은 종종 '갈렌의 역병'이라고 불리기도 한다. 180년 세상을 떠난 '착한 5대 황제' 중 한 사람인 마커스 아우렐리우스도 천연두로 목숨을 잃었을 것으로 전해져 오고 있다.

천연두의 치사율은 최저 30%, 심각한 곳에서는 90% 이상이었다. 미국 펜실베이니아주 이스트 스트로스버그 대학East Stroudsburg

University의 생물학 교수인 사라 루미스Sarah Lummis는 그 위험이 너무 심각해서 '부모들은 천연두에서 살아남은 후에야 아이들의 이름을 짓기 위해 기다리곤 했다'고 쓰고 있다. 우리나라에서도 아이들이 태어나 대여섯 살이 되도록 험한 이름으로 부르다가 돌림병에 아이가 희생당하지 않고 무사히 살아나면 그제야 제대로 된 이름을 지어 주었던 시절이 있었다. 그만큼 전염병은 인간에게 속수무책의 무서운 적이었다.

지난 1년 사이 우리에게 너무도 익숙해진 '격리'라는 단어가 전염병과 관련해서 처음 쓰이게 된 것은 14세기 말이다. 이탈리아어로 'Quaranta'라는 이 단어는 원래 '40'이라는 뜻으로 1347년에서 1351년 사이에 유럽 인구의 3분의 1의 목숨을 앗아간 흑사병에 대응하기 위해 감염자들을 격리한 데서 유래됐다. 15세기에 이탈리아 베네치아 사람들은 외딴섬에 격리 병동을 세워 도착하는 배들을 강제로 정박시켰다. 그렇게 40일 동안 선박 안에 있는 공기를 대기 중으로 내보냄으로써 역병을 일으키는 원인을 제거할 수 있다고 믿었다. 근거가 없는 이론이었지만 결과는 괜찮았다. 40일이란 격리 기간 동안 선박 내 흑사병에 감염된 쥐와 선원들은 죽었다. 예일 대학교 프랭크 스노든Frank M. Snowden 교수는 이런 조치를 '제도화된 공중 보건'의 첫 번째 형태 중 하나로 정의하고 있다.

유럽에서 가장 최근에 발생한 주요 전염병이자 천연두와 페스트에 이어 공포의 질병 3위에 해당하는 콜레라는 1720년 마르세유에서 발생해서 1800년대 제국들의 식민주의를 통해 증기선을 타고 신대륙으로 옮겨 왔다. 콜레라가 전염병으로 창궐한 최초 시기는 1817년으로, 인도 캘커타 근처에서였다. 이후 육로로 태국으로 해로로 오만으로 이동했고, 결국 현재 탄자니아 자치령인 잔지바르에 도달했다. 1829년에 두 번째로 인도에서 발병한 콜레라는 러시아를 거쳐 유럽과 미국으로 흘러갔다.

전염병은 본질적으로 '분열'을 일으킨다. 역사를 살펴보면 사람들은 매번 발병의 원인을 내부가 아닌 외국인에게서 찾았고 이를 비난했다. 페스트가 발병했을 때 프랑스 스트라스부르의 현지 관리들은 우물에 독이 있다면서 우물의 주인인 유대인들에게 역병의 책임을 뒤집어씌웠을 뿐 아니라 개종과 죽음 중에 하나를 선택하라고 협박했다. 그 결과 프랑스에 있던 유대인 중 절반이 개종했다. 그리고 나머지 절반은 349년 2월 14일, 나머지는 역병을 퍼뜨렸다는 이유로 유대인 공동묘지로 끌려가 산 채로 불태워졌다.

교황 클레멘스 6세는 말이 안 된다며 교황 항소를 발표했지만, 전염병으로 인해 광기에 휩싸인 사람들은 전혀 듣지 않았다. 이로 인해 1349년 유럽의 주요 유대인 공동체였던 프랑크푸르트, 마인

츠, 쾰른의 공동체가 전멸되었다. 이 폭력 사태를 피하기 위해 유대인들은 폴란드와 러시아로 집단 이주해 유럽의 인구 통계에 큰 지각 변동을 일으켰다.

천연두는 스페인이 아즈텍과 잉카 제국을 정복하는 데 도움을 주었지만, 어떤 질병은 제국의 식민지 점령에 방해가 되기도 했다. 1802년 나폴레옹은 5만여 명의 군인과 함께 독립을 외치는 아이티를 제압하려 했지만, 병사들이 황열병에 집단 감염 되어 하는 수 없이 철수해야 했다.

그로부터 3세기가 지난 2020년, 인류 역사의 전면에 등장한 코로나도 역시 이들 전염병처럼 역사의 주인공으로서 등장할 것이다. 코로나는 지금 대단한 힘으로 역사의 축을 돌리고 있다. 코로나에 대한 대처를 늦게 한 세계보건기구WHO의 지도부가 심한 국제적 비난에 시달리고, 마스크를 쓰지 않겠다고 버티며 코로나를 대수롭지 않게 여겼던 트럼프 정부도 국민의 신임을 잃어 재선에 실패했다. 코로나로 인한 팬데믹의 끝이 어디일지 아무도 알 수 없는 가운데 세기의 지성 유발 하라리Yuval Noah Harari는 작년 봄에 이렇게 예견했다.

"폭풍은 지나갈 것이고, 인류는 살아남을 것이며, 우리 대부분은 여전히 살아 있을 것이다. 하지만 우리는 다른 세계에 살 것이다."

제2장

왕관을 뜻하는
우아한 이름의 적, 코로나

A Deadlier Pandemic Is Coming

코로나의 등장은 인류에게 매우 오래된 적이 다시 찾아온 것을 의미한다. 역사를 돌이켜 보면, 인간 사망 원인의 1위는 지진이나 화산 같은 자연재해가 아니다. 전쟁은 순위권에 들지도 못한다. 전염병은 인류의 역사가 시작된 이래 가장 오래, 인류의 안정과 평화를 위협하는 적이다.

코로나의 등장은 인류에게 매우 오래된 적이 다시 찾아온 것을 의미한다. 역사를 돌이켜 보면, 질병을 일으키는 바이러스, 박테리아, 기생충은 인간 사망 원인의 1위였다. 지진이나 화산 같은 자연재해가 아니다. 전쟁은 순위권에 들지도 못한다. 전염병은 인류의 역사가 시작된 이래 가장 오래, 인류의 안정과 평화를 위협하는 적이다.

1년 넘게 우리의 일상을 비상 체제에 머물게 한 COVID-19가 시작된 것은 2019년 11월 17일, 중국 후베이성에서 낯선 바이러스가 발견되었다는 의학계의 보고에 대해 중국 당국은 무시하는 태도로 일관했다. 그런데 12월에 다시 8건의 감염 사례가 발견되자, 중국인 안과의사 리원량 박사는 정부의 명령을 무시하고 다른 의사들에게 관련 정보를 공개했다. 이로써 인류는 처음으로 이 공포스러운 바이러스에 대해 알게 됐다.

곤란해진 중국은 서둘러 WHO에 상황을 통보했지만, 리원량 박사에게 범죄 혐의를 적용해 처벌하려고 했다. 그러나 리원량 박사는 자신이 세상에 알린 바이러스에 감염되어 세상을 떠났다. 그사이 바이러스는 중국 국경을 넘어 전 세계 163개국 이상으로 확산됐다. 2020년 2월 11일, 세계는 공식적으로 이 바이러스의 출현을 인정하고 'COVID-19'라고 이름 붙였다.

대체 이 바이러스는 어디에서 온 것일까. 여러 가지 의견이 난무하고 있지만, 박쥐, 특히 말발굽 박쥐에서 온 것이라는 것이 많은 연구자의 의견이다.[1] 2013년 중국 남서부 윈난성에서 'RATG13'이라는 이름의 중간 말발굽 박쥐 *Rhinolophus appinis* 8마리가 발견되었

1

는데, 이 박쥐의 유전자 구조가 사스-CoV-2와 96% 동일하다. 그다음으로 사스-CoV-29와 유전 서열의 93%를 공유하는 말레이 말발굽 박쥐Rhinolophus malayanus에게서 발견된 COVID-19 바이러스 'RmYN02'이다. 연구자들은 RATG13과 사스-CoV-2가 말발굽 박쥐에서 사향쥐를 통해서 사람에게 감염되었을 가능성도 있다고 말한다.

물론 몇몇 단체들은 중간 전달자가 쥐가 아닌 천산갑이었다고 발표하기도 했다. 연구진은 중국 남부에서 몰수된 말레이시아 천산갑Manis javanica으로부터 COVID-19 바이러스를 분리했다. 이 바이러스의 유전자 구조는 새로운 COVID-19 바이러스와 92% 일치한다. 하지만 천산갑에서 사람으로 바이러스가 이동했다는 사실은 아직 규명된 바가 없다.

이 바이러스가 코로나라고 불리는 이유는 바이러스에 돌출되어 있는 이 돌기, 즉 스파이크 때문이다. 마치 왕관을 쓴 것처럼 보인다고 해서 코로나라는 우아한 이름으로 불리게 됐다. 이 바이러스 자체는 '살아 있는 생물'이 아니다. 숙주의 세포에 들어갔을 때만 증식이 가능하다. 그런데 이 돌기가 세포에 들어가는 데 사용된다.

인체의 세포는 세포막이라는 울타리가 둘러싸고 있어서 아무나

들어갈 수가 없다. 허락된 물질만 들어갈 수 있게 되어 있다. 그런데 우리 세포막을 형성하고 있는 단백질 중에 ACE2라는 단백질이 있는데, COVID-19 바이러스의 이 돌기가 이 물질에 닿게 되면 이 물질에 변화가 생긴다. 즉, 세포막이 열리는 것이다. 그렇게 COVID-19 바이러스가 세포 안에 침투하게 된 것이다.

처음 이 바이러스가 박쥐에게서 발견됐을 때 병의 원인이 되기에는 너무 미약해 보였다. 그런데 이 바이러스가 사람의 세포 안에 침투해서 증식하면서 병을 일으킨 것이다. 박쥐에 있는 바이러스 그 자체가 아니라 그중에 특별히 사람에게 딱 맞도록 진화된 바이러스가 인체에 들어왔을 때 코로나 병을 일으키는 것이다.[2]

그런데 신기하게도 아시아에서는 사망률이 낮다. 이유는 상당히 많은데, 우선 아시아 국가에서는 정부 차원의 대응이 신속했다. 마스크 쓰기와 손 씻기, 사회적 거리두기 등의 대안 마련과 언론을 통한 지속적인 홍보와 국민들의 적극적인 참여가 가장 효과적이었다고 평가되고 있다.

그럼에도 불구하고 최근 이탈리아와 스페인에서 이루어진 연구

---

2 박쥐에게 있을 때에는 병이 아닌 그냥 바이러스 상태였지만, 사람 몸 안에 들어오면서 병이 된 것이다. 그러니 인류가 지금 겪고 있는 팬데믹 상황의 원인이 박쥐나 천산갑 때문이라고 말할 수만은 없는 면이 있다.

결과는 유럽인이나 아메리카인에 비해 아시아인의 사망률이 낮은 것은 게놈, 즉 유전자를 구성하고 있는 단백질 구조의 차이라고 말하고 있다. 게놈이란, 사람의 정체성을 결정짓는 단백질 정보를 말한다. 어떻게 보면 이 단백질의 구조가 곧 사람의 정체성이다. 예를 들어, 아시아인에게는 A라는 단백질이 있는 반면에 유럽인과 아메리카인에게는 공통적으로 B라는 단백질이 있다면, COVID-19 바이러스가 유독 B라는 단백질에 더 잘 침투할 수 있다는 것이다.

흥미로운 사실은, 같은 유럽인들 사이에서도 독일인들의 발병률이 낮은 것은 정치·사회적 통제 및 대응의 차이에서 온 반면에 핀란드인들은 다른 유럽인들과 단백질 구조가 다르다. 오히려 한국인이나 아시아인에 가깝다. COVID-19 바이러스를 통해 알게 된 가장 흥미로운 사실 중의 하나가 아닐 수 없다.

가능성이 있는 또 다른 추측의 하나는 COVID-19 바이러스가 한국과 아시아에 수천 년 혹은 수만 년 전에 지나갔을 수도 있다는 것이다. 유럽인에게는 처음일 수 있다. 마치 옛날 유럽인들이 아메리카에 갔을 때 이름도 모르는 바이러스에 감염되어 수도 없이 많이 죽었던 것과 같은 것이다. 동양인들은 어쩌면 유전자 차원에서 이런 비슷한 병들을 통해 면역이 생겼을 수도 있다.

또 한 가지, 게놈의 측면에서 보자면 남자와 여자도 단백질 구조적으로 보면 엄밀하게 다르다. 그래서 당연히 차이를 보이는데 미국 브라운 대학의 한 연구팀은, 여자들보다는 남자들의 치사율이 더 높고 그중에서도 대머리 남성이 가장 취약하다는 흥미로운 연구 결과를 발표했다. 연구팀은 스페인에서 COVID-19에 감염되거나 COVID-19로 인해 사망한 남자의 80%가 대머리였던 사실을 근거로 대머리를 유발하는 안드로겐이나 남성 호르몬이 바이러스가 인체에 침투하는 문이라고 말하고 있다.[3]

이렇게 바이러스는 우리와 가까이 있으며, 우리가 제대로 들여다볼 수도 없는 우리의 인체 가장 깊숙한 곳까지 들어가 죽음에 이르는 병을 일으킨다.

3

제3장

인류가 너무도 모르는
롱런 트렌드, 전염병에 대하여

A Deadlier Pandemic Is Coming

병원균이 대량 학살자가 될 수 있는 건 자기 복제 능력 때문이다. 병원균의 이 특징은 그야말로 독보적이다. 총탄은 발사되어야만 위협이 되고 자연재해 역시 지역적인 문제다. 그런데 인체가 코로나바이러스에 감염되면 인체는 더 많은 바이러스를 키워 내는 숙주, 즉 세포 공장이 되는 것이다.

사람들은 예전만큼 전염병에 대해 경각심을 갖고 있지 않다. 전염병에 대해서 아이들에게 가르치는 학교가 있다는 소리는 거의 들어본 적이 없다. 어른들 중에서도 이 단어를 심각하게 만나는 이들은 의과대학 본과생 정도가 아닐까. 아이들에게 평생 한 번 가볼까 말까 한 해외의 주요 도시와 산맥의 이름은 외우게 하면서, 삶에 지대한 영향을 미치는 바이러스에 대해서는 전혀 가르치지 않기 때문에 병이나 바이러스에 대해서는 '깜깜이'인 채 어른이 된다.

병원균이 대량 학살자가 될 수 있는 건 자기 복제 능력 때문이다. 인류를 위협하는 요소들은 매우 많지만, 병원균의 이 특징은 그야말로 독보적이다. 총탄은 발사되어야만 위협이 되고 자연재해 역시 지역적인 문제라는 제약이 있다. 인체가 코로나바이러스에 감염되면 인체는 코로나바이러스의 숙주가 된다. 즉, 더 많은 바이러스를 키워 내는 세포 공장이 되는 것이다.

이런 이유들을 생각해 보면, 군 전략가들이 오랫동안 질병을 전쟁의 도구로 이용하려고 노력한 것은 지극히 당연한 일이다. 실제로 전투에서 죽은 것보다 훨씬 더 많은 병사들이 질병으로 죽었다. 병원체는 최고로 경제적인 무기로서, 총 한 발 쏘지 않고 적들을 궁지에 몰아넣어 승리를 이끌어 낼 수 있기 때문이다.

아무리 산업이 발달해도 인구가 늘어나지 않고서는 위대한 도시를 건설할 수 없다. 그러므로 오늘날 70억 인구를 가능하게 한 것은 그 어떤 것보다도 백신과 항생제 개발 등 바이러스와의 전쟁에서 승리했기 때문이다.

바이러스 감염과의 전쟁에서 우리가 얼마나 놀라운 승리를 했는지 아는 사람은 그리 많지 않다. 선진국에서 개발 도상국까지, 이제 전염병보다 암, 심장병, 알츠하이머병과 같은 비사회적인 질병으로 죽을 가능성이 훨씬 더 높다. 과거에 비해 인류가 전염병으로부터 안전해진 것은 누구도 부인할 수 없는 사실이다.

하지만 미국에서 가장 영향력 있는 역학 학자인 하버드 칸T.H. Chan 보건대학원의 마크 립시치Marc Lipsitch 교수는 전염병이 인류에게 매우 심각한 재앙을 가져올 가능성에 대해서 여전히 관심을 놓지 않는 사람이다. 그는 오랫동안 '미국에서의 전염병 사망률의 변화'에 대해 조사했다.

1900년 인구 10만 명당 약 800명이었던 전염병 사망률이 세기 말에는 10만 명당 약 60명으로 줄었다. 1918년에 잠깐 높아졌지만, 이는 독감 때문으로 추정하고 있다. 1980년대에 에이즈가 널리 유행했을 때도 잠깐 높아졌지만, 립시치는 '전염병으로 인한 사망률이 매년 1% 가까이 떨어진 것'으로 분석했다.

언뜻 보기에는 반가운 소식이다. 그러나 동시에 최악의 소식도 존재한다. 엄청난 의학과 과학과 기술의 발전에도 불구하고 이 전염병이 영원히 없어지지는 않는다는 사실이다. 아니, 그 정도가 아니라 신종 전염병의 종류가 지난 세기에 비해 4배나 증가했다. 1980년 이후만 해도 연간 발생 건수가 3배 이상 증가했다.

이 상승세에는 몇 가지 이유가 있다. 지난 50년 동안 인구가 2배 이상 늘었다. 이로 인해 인구밀도가 높은 대도시가 유사 이래 가장 많은 상태다. 이는 순식간에 많은 사람들이 감염될 수 있는 위험을 말해 주는 지표다. 주목해야 할 지표가 또 있는데, 1960년을 기준으로 인류는 지난 1만 년 동안 사육했던 것보다 더 많은 가축을 사육하고 있다. 그렇게 가축들에게서 옮겨온 바이러스로 인해 발생하는 전염병, 즉 인수(人獸) 전염병이 늘어나고 있다.

코로나가 고통스럽게 증명했듯이, 너무도 밀착된 세계 경제 사이클은 전염병 예방에 매우 취약한 상황이다. 전 세계 어디든 20시간 이내에 갈 수 있고, 사람보다 몇 배나 되는 규모의 수화물들은 바이러스와 함께 우리 집 안으로 배달된다. 우리가 전염병 감염에 대해 이룬 성과와 진보는, 사람보다 4천만 배나 빨리 진화하는 미생물들로 인해 무색해졌다. 인간은 점점 더 미생물과 바이러스에 속수무책인 상황이 된 것이다.

1928년에 우연히 발견된 항생제 페니실린이 수억 명의 생명을 구했지만, 그사이 약물에 대한 박테리아 저항성도 더욱 강력해지고 있다. 의사들은 이 내성이 세계 공중 보건을 위협하는 가장 큰 요인이라고 말한다. 실제로 2018년에 조사된 유럽의 한 통계에 의하면, 항생제 내성 감염으로 유럽에서만 매년 33,000명이 사망하는 것으로 밝혀졌다.

2013년 세계은행은 1918년에 유행했던 독감이 다시 유행한다면 세계 경제에 얼마나 타격을 줄지를 예측한 적이 있다. 당시 추정 손실액은 4조 달러를 넘었는데, 이는 일본 전체 GDP와 맞먹는 규모다. 코로나로 인한 경제적 피해에 대한 추정은 코로나 초기에 이미 수조 달러를 뛰어넘었다.

기후 변화는 생태계의 변화를 초래했고 동물과 곤충의 주 서식지는 바뀌고 있다. 이들의 이동으로 질병도 같이 확대되고 있다. 한편에선 백신 회의주의가 확산되면서 백신 접종을 거부하는 사람들이 늘었고, 덕분에 홍역 같은 전염병이 부활하고 있다.

그럼에도 불구하고 사람들은 예전만큼 전염병에 대해 경각심을 갖고 있지 않다. 전염병에 대해서 아이들에게 가르치는 학교가 있다는 소리는 거의 들어본 적이 없다. 어른들 중에서도 이 단어를 심각하게 만나는 이들은 아마 의예과 본과생 정도가 아닐까. 아이들에게 평생 한 번 가볼까 말까 한 해외의 주요 도시와 산맥들의 이름을 외우게 하면서도 우리의 삶에 지대한 영향을 미치는 바이러스에 대해서는 전혀 가르치지 않기 때문에 어린아이들은 병이나 바이러스에 대해서는 '깜깜이'인 채로 어른이 된다.

코로나바이러스의 경우에도 이미 사태가 악화되기 전부터 일부 과학자들이나 의학자들이 계속 경고하고 있었다. 다시 말해 충분히 대비할 시간이 있었다. 단지 우리가 주목하지 않았을 뿐이다. 이 바이러스가 중국의 신도시와 대도시들의 신속한 연결망을 통해서 확산되고 지금의 매우 심각한 전염병이 되기까지, 우리의 대응은 초현대적이지만 중세적 수준이었다. 재택근무, 문자 알림, 화상 회의와 넷플릭스를 제외하면, 페스트의 발병을 막으려고 했던 오래전 사람들의 생각에서 그리 많이 발전하지 않았다. 내 안에서 원인을 찾아 해결하려는 노력보다 남을 원망하고 또한 자만했다. 그 결과 인류는 더 비참해졌다.

그래서 우리에게는 이제 성인병과 암 클리닉이나 치과 병원만큼이나 보건소와 같은 공공 의료 시스템이 더욱 중요하다. 공공 의료 시스템은 더 이상 '소 잃고 외양간 고치는 수준'이 아닌 '다음에 올 전염병을 예상하고 압도하는 능력'이 필요하다. 동시에 이런 일들이 결코 몇몇 선진국만의 리그가 되어선 안 될 것이다. 내 나라 대문만 걸어 잠그고 내 나라만 생각하기엔 인류가 너무도 가깝다.

제4장

코로나의 경고: 바이러스와 함께 살아가는 시대를 대비하라

A Deadlier Pandemic Is Coming

지금 많은 이들이 백신을 목마르게 기다리고 있다. 백신의 배급과 접종이 시작된 이후로 많은 기록과 우려가 쏟아지고 있다. 미국은 바이든 취임 이후 하루에 350만 명 이상 접종이라는 기록을 세웠다. 그 결과, 전 국민 중에서 한 번 이상 접종을 받은 이들의 비율이 50%를 넘었다. 이스라엘은 전 국민의 지지 속에 이미 60% 이상의 국민이 접종을 마쳐서 4월 중 공식적으로 마스크를 벗고 사람들을 만나기 시작했고, 백신 확보가 늦었던 부탄은 종교 지도자의 선도적 행동으로 일주일 만에 국민이 모두 집단 면역에 이를 70% 수준의 접종을 마쳤다. 그런 와중에, 아시아의 보건 강국인 한국과 일본은 아직도 백신 확보와 접종에 어려움을 겪고 있다.

일부 국민들은 백신 접종 후 안도감을 즐기고, 일부 국민들은 절실하게 백신 접종을 기대하고 있는 지금, 이 백신 개발과 함께 엉뚱하게 멸종 위기를 맞은 해양 생물이 있다. 바로 가리비 망치 상어를 비롯한 심해 상어류다. 해저 수만 미터 아래서 살고 있는 가리비 망치 상어는 심해의 엄청난 수압을 견디기 위해 간 속에 특별한 기름을 저장하는데, 이것이 바로 우리에게 스쿠알렌으로 잘 알려진 스콸렌이다.[4]

이 지방은 심해에서의 부력을 제공하는 물질일 뿐 아니라 면역 체계를 향상시키고 백신의 효능을 더욱 효과적으로 만드는 물질이기도 하다. 그뿐만 아니라 실제로 상어는 바다의 자연 백혈구로서, 아프거나 다치거나 유전자를 물려줄 수 없는 해양 동물들을 먹어 치운다. 해양을 정화시키고 해양 생태계가 균형을 유지하는 데 매우 중요한 역할을 한다. 조스를 비롯한 영화 덕분에 우리는 상어를 '사람을 잡아먹는 식인 생물'로 알고 있지만, 사실은 해양의 건강과 인간의 건강을 지키는 데 결정적인 도움을 주는 은인인 셈이다.

바로 이런 점 때문에 미국 버지니아에 있는 상어보호단체 '비니스 더 웨이브Beneath the Waves'의 수석과학자인 오스틴 갤러거Austin

4

Gallagher는 "당장 백신을 개발하는 것도 중요하지만, 가리비 망치와 같은 최고의 해양 포식자들을 잃는 것은 환경에 엄청난 재앙이 될 수 있다."라고 말하고 있다.

하지만 위기에 몰린 인류는 지금 심해 상어의 스콸렌을 조금이라도 더 확보하는 데 관심이 쏠려 있다. 현재 백신 개발에 뛰어든 전 세계 200여 개의 회사 중 최소 다섯 곳 이상의 큰 회사가 스콸렌에 의존하고 있고, 이로 인해 연간 300만 마리의 심해 상어가 희생되고 있다.

미국 서부의 환경 보호 비영리단체인 샤크 얼라이언스Shark Alliance[5]의 설립자 겸 이사인 스테파니 브렌들Stefanie Brendl 씨는 백신 개발을 상어처럼 유한한 천연자원에 의존해서는 안 된다고 지적하며 스콸렌을 대체할 수 있는 물질을 찾아야 한다고 말하지만, 다급해진 사람들이 스콸렌에 대한 미련을 쉽게 떨쳐 버리기는 어려운 현실이다.

다른 나라들과 별반 다름없이 우리나라도 무료 백신과 이미 4차에 걸친 재난지원금을 뿌리고 있다. 그러고 보니 팬데믹 상황이 우

[5]

리를 점점 의타적인 존재로 몰아가고 있다. 물론 출발은 위중한 팬데믹 상황을 잘 극복하기 위한 취지에서 시작된 다양한 행정적 조치들이었지만, 어느새 우리도 매사에 팬데믹 핑계를 대면서 언제 바닥을 드러낼지 모를 정부의 빈약한 지원금과 공짜 백신에 귀와 마음을 기울이고 있는지도 모른다.

그런데 백신과 재난지원금이 우리의 삶을 얼마나 떠받쳐 줄까. 이 팬데믹 상황 속에서 소리 소문도 없이, 우리도 모르게 사라진 우리의 진취적이고 긍정적인 삶의 의지들은 어떻게 복구할 수 있을까.

국내에서는 이런 문제에 대해서 고민하는 소리가 좀 뜸한 반면에 해외에서는 팬데믹 초창기부터 이런 부분에 대한 논의가 가장 많이 가장 치열하게 논의·연구되고 있다. 그래서 오늘부터 우리의 일상과 여러 가지 현상들을 짚어 보고, 이에 따라 우리 자신이 꾸려 나가야 할 삶의 방향을 고민해 보았으면 한다.

예상치 못했던 팬데믹 상황으로 전 지구적으로 활발하게 오가던 인적·물적 교류를 제지당한 지도 벌써 1년이 훌쩍 넘었다. 파우치 등 감염병 전문가들이 예견했듯이 코로나 전파는 2차에 이어 3차 전파까지 계속되면서 확진자는 1.7억 명을 향해 가고 있고, 사망자도 이미 3.5백만 명을 넘어가고 있다. 여기에 영국과 남아프리카 공화국에서 발생한 변이종까지 발견되어 상황은 더욱 암담하다.⁶

이런 상황에서 얼마 전 웃지 못할 해프닝이 벌어졌다. 프랑스와 브라질에서 가짜 코로나 판정서 소동이 일어난 것이다. 최근 각국이 해외에서 들어오는 외국인들에게 '코로나 음성 판정 확인서'를 요구하면서 벌어진 일인데, 전문가들이 개입해서 꽤 복잡하고 지능적인 가짜 확인서를 발급했던 것으로 알려졌다. 죄는 괘씸하지만 오죽 답답했으면 그랬을까? 그 심정을 알 것도 같다.

여기에 더 심각한 범죄가 보고되고 있다. 지난 4월 말 백신개발 회사인 화이자Pfizer는 멕시코와 폴란드에서 자사의 가짜 백신이 발견되었다고 충격적인 발표를 했다. 멕시코에서 1,000불을 내고 80여 명이 가짜 백신을 접종했고, 폴란드에서도 유사한 가짜 백신이 범인으로 추정되는 사람의 아파트에서 발견되었다고 한다.⁷

이 코로나 위기가 언제나 끝날까. 이 지능적인 항체 변형 바이

6

7

러스는 감염되지 않은 인류 전체의 삶까지도 완전히 바꾸어 놓았다. 올해 백신 접종이 시작됐지만, 코로나는 쉽게 우리를 떠나지 않을 것이다. 이 지루한 대치 상황에 이기려면 공중 보건에 대한 대중의 인식과 행동의 지침을 새롭게 바꾸어야만 한다고 전문가들은 말하고 있다.

전문가들의 관점에서 '이긴다'는 것은 2019년 가을 이전과 같은 일상을 다시 누릴 수 있다는 뜻이 아니다. 바이러스를 효과적으로 치료하고 예방할 수 있는 의학적인 도구가 나올 때까지 시간을 버는 것을 말한다. 이 전염병의 파괴력을 제압하기 위해서 우리는 힘을 비축하고 낯선 사회적 정책들에 적응해야만 하는데, 전염병 전문의인 미국 듀크 대학 캐머런 울프 교수는 "이 바이러스와 더불어 살아갈 방도를 알아내야 한다."라는 다소 우울한 말을 했다.

백신면역국제연맹 대표 세스 버클리Seth Berkley도 "아직 어느 곳에서도 위험이 종식되지 않았다."라고 말하며 트럼프 대통령이 희망했던 따뜻한 시절은 쉽게 돌아오지 않을 것이라고 강조했다.

더욱 심각한 사실은 갈수록 늘어나고 있는 코로나 '깜깜이stealth' 환자들의 수가 1918년 지구촌에서 수천만 명의 목숨을 앗아간 스페인 독감 때보다도 더 많다는 것이며, 앞으로의 코로나 전쟁은 이

깜깜이 감염과의 싸움이 될 것이라고 전문가들은 말한다. 그런 상황이 되면 더 이상 행정력만으로는 우리의 안전을 지킬 수 없게 된다. 코로나와 함께 비대해진 정부도 한계에 이르기 때문에 더 이상은 공짜 백신이라든가 재난지원금을 기대할 수 없는 상황이 된다는 뜻이다.

그러니, 앞으로는 개인이 스스로 바이러스에 대해 공부하고 위험을 평가하며 결정하여 행동해야만 한다. 우리 자신 이외에 그 누구도 이 전염병으로부터 우리를 지켜줄 수 없다는 사실을 인식하고 나 자신과 내 가족의 안전부터 스스로 지킬 수 있는 능력을 갖춰 가야 한다. 이것이 코로나가 우리에게 주는 교훈이다.

제5장

백신 접종과 함께 시작된
또 다른 전쟁

A Deadlier Pandemic Is Coming

백신은 자칫하면 또 다른 사회 분열, 즉 백신을 맞은 사람과 맞지 않은 사람을 편 가르기 하는 상황을 초래할 수도 있고, 개인의 선택의 자유가 훼손되는 인권 문제도 걸려 있다. 그래서 많은 나라에서 전체주의가 다시 꾸물꾸물 고개를 들고 있는 것이다.

　코로나 백신 접종을 위한 레이스가 진행 중이다. 2021년 4월 초 현재 아프리카 일부 국가와 북한 등을 제외한 전 세계 국가에 7억 5천만 개 이상의 백신이 전달됐고, 이는 100명당 9.8명에 달하는 숫자이다. 백신을 맞은 사람의 수는 정확히 추정하기 어렵다. 5월 중 7%대의 국민이 1회 이상 접종을 마친 우리나라는 선진국 중에서 뉴질랜드와 일본을 제외하고는 최하위를 기록 중이다.[8] '지구 상의 낙원'이라 불리는 인도양의 세계적인 관광 명소 세이셸을 비롯한 일부 관광 의존 국가들은 벌써 백신을 맞은 사람들에게 국경을 열었다.

이와 함께 여기저기서 백신 여권이라는 신종어가 들려온다. 백신 여권이 급진적으로 보일 수도 있지만 처음 등장하는 것은 아니다. 1922년, 미국에서는 아이들이 학교에 오기 위해서는 천연두 백신을 맞아야 했다. 그리고 요즘 스포츠 경기에서 등장하는 '옐로카드'는 원래 100년 전에 미국에서 콜레라, 황열병, 발진티푸스, 천연두에 대한 접종을 기록하기 위해 만든 국제적인 백신 증명서였다. 아프리카에 가기 위해서는 황열병 백신을 맞고 증명서를 지참해야 하는 것과 마찬가지였다.

그런데 이 백신 여권을 바라보는 눈길은 복잡하다. 이제 이렇게 일상으로 돌아가야 한다고 생각하는가 하면 조급한 개방은 상황을 더 악화시킬 것이라고 염려하는 이들도 있다. 하지만 여전히 사망자가 나오고 또 그들을 통해서도 n차 감염이 발생한다고 해도 장기적으로는 코로나 확산이 둔화되고 다른 전염병들처럼 통제 가능

[8]

한 상황이 될 것이라는 관측이 지배적이기 때문에, 백신 여권을 통해 가능하면 빨리 사람들이 일상으로 돌아가도록 해야 한다는 목소리가 높아지고 있다.

그중 가장 강력한 어조로 미국 정부에 압력을 가하는 사람들 중한 사람이 바로 아서 카플란Arthur Kaplan 뉴욕대 의대 교수이다. 미국 의료 분야에서 공공 정책 수립에 가장 많은 영향을 끼친 전문가들 중 한 사람인 그는 요양원과 병원의 의료 종사자들이 의무적으로 가장 먼저 백신 접종을 해야 한다고 주장한다. 그래야 면역 결핍 환자, 암 환자, 신생아 등 예방 접종이 불가능한 취약 환자를 보호할수 있다는 것이 그 이유다. 백신 접종을 의료진의 근무 조건으로 삼아야 한다는 점에서 카플란 교수 역시 백신 여권, 백신 접종 확인서를 강력하게 지지하는 인물이라고 할 수 있을 것이다.

그리스의 키리아코스 미토타키스 총리는 EU 국가 단위의 백신 여행 증명서를 발급해야 한다고 주장하고, 미국의 조 바이든 대통령도 백신 여권에 찬성하고 있다. 반면 영국의 보건장관은 그럴 필요까지는 없다는 입장이다. 하지만 누구보다 디지털 백신 여권을 간절히 기다리는 나라는 덴마크다.

전체 인구가 600만인 덴마크는 다른 나라와 마찬가지로 팬데믹으로 얼어붙은 경제를 다시 소생시키기 위해 필사적이다. 지금 덴마크 국민들은 영국에서 확인된 변이 바이러스 확산으로 인해 유럽에서 가장 엄격한 코로나 봉쇄하에 살고 있다. 입국하는 모든 사람이 음성 코로나 검사를 받아야 하고 식당, 술집, 미용실은 5명 이상의 모임이 금지됐다.

이런 강력한 봉쇄로 인해 생계가 막막해진 덴마크 국민들은 지금 격렬한 시위로 봉쇄 해제를 요구하고 있다. 영화 제목과 동일한 '맨 인 블랙Man in Black'이라는 이름의 시위 단체는 과격한 반봉쇄 시위로 시민 및 소상공인 단체와 샐러리맨들의 목소리를 대변하고 있어서 하루가 멀다 하고 외신 뉴스의 헤드라인을 장식하고 있다.

그래서 덴마크는 유럽에서 가장 빨리 백신 접종을 시작해서 6월까지 전 국민의 백신 접종을 마치겠다는 야심 찬 목표를 세웠다. 그런데 1월에 예방 접종을 시작하기가 무섭게 백신 접종을 받은 사람은 원래의 일상으로 돌아가야 한다는 압력과 함께 해외 관광객들에게 국경을 열어야 한다는 목소리가 높아지고 있다.

덴마크 모르텐 보즈코프 재무장관 대행은 3월 말까지 코로나바이러스 여권을 만들겠다고 발표했다. 외무장관 제페 고포드도 심각한 수출에 어려움을 겪고 있고 핵심 산업이 교착 상태에 빠져 있어서 사회적 봉쇄는 하더라도 백신 접종과 함께 일부 해제 조치는 단행할 수밖에 없다고 밝혔다.

해외무역 의존도가 높은 덴마크에는 지금 무역 분야에 종사하는 노동인구가 80만 명이나 된다. 이들이 다시 수출을 시작하고 바이어들을 만날 수 있도록 하기 위해서라면 코로나가 완전히 사라질 때까지 기다릴 생각이 없다는 뜻을 분명히 밝혔다. 과연 덴마크가 백신 여권을 통해 사회와 국경 봉쇄를 풀고 다시 일상으로 돌아가는 유럽의 첫 국가가 될 수 있을까? 그렇게 된다면 올여름으로 예정된 유럽 축구 선수권 대회를 치를 수 있을지도 모르지만, 아직 단언하기는 어렵다.

우선 지금까지 개발된 백신이 코로나 감염 확산에 얼마나 도움이 되느냐가 아직 불투명하다는 데 있다. 분명히 효과가 있기는 하겠지만 백신을 맞은 사람들에게서 이렇다 할 효과가 입증되기까지는 아직도 시간이 필요하다.

백신 접종이 시작되면서 완전 마비 상태나 다름없는 육·해상 여행과 더불어 항공사, 호텔, 음식점 등이 살아날 수 있다. 하지만 이전에 보지 못했던 새로운 일들이 일어날 수도 있다. 예를 들면, 고용주들의 경우 오프라인의 비즈니스를 재개할 때, 백신을 맞은 직원들을 중심으로 움직이는 것이 훨씬 안전하다고 여길 수도 있다. 백신 접종 확인서가 있는 사람들이 항공기 안에서도 더 좋은 좌석을 먼저 배정받을 수 있게 되는 반면에 백신 접종 확인서가 없는 경우 호텔에서 헬스나 사우나, 수영장 등 부대시설 이용에 제한을 받게 될지도 모른다.

즉, 백신은 자칫하면 또 다른 사회 분열, 즉 백신을 맞은 사람과 맞지 않은 사람을 편 가르기 하는 상황을 초래할 수도 있고, 개인의 선택의 자유가 훼손되는 인권 문제도 걸려 있다. 그래서 많은 나라에서 전체주의가 다시 꾸물꾸물 고개를 들고 있는 것이다.

이런 점을 우리 정부도 면밀히 살펴볼 필요가 있다. 더구나 백신 접종이 고용과 안전 문제에 중요한 키로 작동하게 될 가능성이 매우 높다는 점을 감안하여 세심하게 대비해 나가야 할 것이다. 이런 면에서 미국의 언론 Wall Street Journal도 백신 여권의 단점이 장점을 넘어설 것이라고 경고하고 있다.[9] 개인정보에 대한 정부의 지나친 접근이 결국 인종·사회계층 간 갈등을 유발하게 될 것이라는 지적이다.

9

2

뉴노멀 시대의
일상

Attacks of Virus and Carbon
A Deadlier Pandemic Is Coming

제 1 장

사회적 거리두기와
키스

A Deadlier Pandemic Is Coming

15세기 영국에서, 헨리 6세는 부보닉 페스트의 확산을 막기 위해 키스를 금지했다.[1] 작년 3월, 프랑스 보건부 장관도 시민들에게 코로나 때문에 키스하는 것을 중단하라고 공공연하게 말하는 바람에 많은 사람들에게 심리적인 위축감을 안겨 주었다. 에이즈가 처음 나타난 이후, 이 바이러스에 양성 반응을 보인 사람들에 대한 엄청난 오해가 있었다. 많은 사람들은 그것이 성적으로 전염된 감염이라는 증거에도 불구하고 악수를 통해 에이즈에 감염될 수 있다고 우려했다.

1

이런 오해를 불식시키기 위해 다이애나 왕세자비가 1987년 런던 미들섹스 병원에서 에이즈 치료를 받고 있는 환자와 악수를 했던 사건은 유명하다. 마찬가지로 결핵 환자에 대한 과도한 격리 조치가 이루어지고 있고, 한센병 환자를 완전히 다른 세상의 존재들로 만들어 버린 예들도 있다.

옥스퍼드 대학의 진화 심리학 명예교수인 로빈 던바_{Robin Dunbar}는 '신체적인 접촉은 우리가 우리의 관계, 우정, 가족 구성원 자격을 설정하기 위해 사용하는 메커니즘의 일부분'이라고 말했다. 털이 많은 피부를 쓰다듬으면 우리 뇌의 엔도르핀을 유발하기 때문에 따뜻하고 긍정적인 기분을 느끼게 한다. 그래서 신체 접촉을 동반한 친밀감의 표현은 인간에게 지극히 자연스러운 행동이었다.

하지만 코로나와 공존하고 있는 한 이전에 해왔던 악수나 허그는 더 이상 할 수 없을지 모른다. 프랑스인들에게 사랑받는 더블 에어-키스_{Air Kiss}와 이탈리아인들의 인사법인 따뜻한 포옹은 잠재적으로 너무 위험하다. 사랑과 우정과 친밀함을 담아 주고받았던 모든 일상적인 신체적 접촉은 이제 불가능한 시대가 됐다.

흥미로운 것은 이전에 많은 시간을 보냈던 술집, 나이트클럽, 쇼핑센터의 붐비는 장면을 그리워하면서도 '자유로운 사회적 접촉'

에 대해 우려하는 경향이 강하다는 것이다. 영국 여론조사기관 입소스모리IPSOS MORI의 조사에 따르면, 바이러스 감염 전파가 완전히 가라앉지 않는 한 이전과 같이 완전한 사업 재개를 원하는 사람은 7%에 불과했다. 응답한 사람의 70%는 정상으로 돌아가는 것을 강력히 반대하고 있다.

호주인과 미국인의 60%, 캐나다인의 70%, 프랑스인과 브라질인의 절반, 중국인의 40%도 이 사태가 완전히 종식될 때까지 사회적 개방을 해서는 안 된다는 쪽이다. 이처럼 코로나는 우리에게 오랫동안 익숙했던 삶의 모든 방법을 변화시켰고, 사람들의 연결 방법도 근본적으로 바꾸고 있다.

코로나 사태가 시작된 지 1년. 많은 나라들이 봉쇄 규제를 완화하면서 사람들은 예전의 일상으로 돌아가고 있다. 하지만 완전히 이전으로 돌아간 것은 아니다. 여전히 마스크를 써야 하고 사람들이 많이 모인 곳을 피해야 한다. 비행기 여행도 아직 이전처럼 자유롭지 않다. 코로나바이러스의 확산이 멈춘다고 해도 백신을 맞기 전까지 감염의 위험은 여전히 도사리고 있기 때문에 앞으로도 상당 기간, 적어도 내년까지 길면 2년 후에도 지금처럼 긴장된 표정으로 하루하루를 보내야 할지도 모른다.

어쩌면 이제까지 살아온 공간의 구조마저 바꾸어야 할지도 모른다. 이제까지 공간을 만들 때 한 번도 고려하지 않았던 요인, '어떻게 하면 전염병으로부터 안전한 공간을 만들 것인가'에 대해 생각하고 해답을 찾아야만 하는 상황이다. 과연 어디까지 어떻게 변하게 될까. 어떻게 하면 우리를 안전하게 지키면서 서로 기분이 상하지 않는 방식으로 교류할 수 있을까.

사회적 존재인 인간은 고립에 대처하는 능력이 떨어진다. 과거 전염병 관련 연구에 따르면, 치명적인 전염병은 비록 감염이 되지 않았다고 해도 정신 건강에 심각한 영향을 미칠 뿐 아니라 많은 이들에게 외상 후 스트레스 장애까지 초래할 수 있다고 한다. 그러므로 세계적인 팬데믹 그 이후에 이루어져야 할 가장 시급한 조치는 정치·사회적 회복이 아닌 보통 사람들의 정신적·심리적 회복이다. 지난봄부터 사회구성원들 사이에 확산되어 온 의심과 공포의 문화에 맞서 서로를 신뢰하는 공동체 정신의 회복이 시급하다.

이를 위해 도시 공간의 공공장소의 형태가 바뀔 것으로 예측되고 있는 가운데 곳곳에 있는 녹지에 관심이 쏠리고 있다. 이제 사람들은 더 이상 실내에서 모이기를 꺼릴 것이고, 이에 따라 많은 모임들이 야외에서 이루어지는 것을 선호하게 될 것이다. 단순히 숲을 조성하고 산책을 하는 것에서 끝나지 않고 보다 더 적극적으로 야외공간을 활용하겠다는 의지다. 모임을 위한 안전한 거리를 확보하기 위해서 이미 도시에 있는 주요 식당과 바에서는 실내 좌석 배치는 물론 상점 외부의 야외 공간까지 과감하게 사용할 계획을 세우며 시의 의지에 동참하고 있다.

이런 모든 노력은 심리적 트라우마를 극복하는 노력의 일환이다. 팬데믹 상황에서 살아남았지만 상존하는 감염에 대한 공포와 긴장으로 인한 트라우마는 그리 간단한 문제가 아니다. 그래서 반드시 모든 사회 경제적 재건과 함께 심리적 재건 디자인 역시 포함되어야만 한다는 것이 전문가들의 지적이다.

디지털화 역시 효과적인 대안이다. 이탈리아의 스타트업 디스커버리 공동창업자 줄리아노 비타Giuliano Vita는 단순히 집에서 음식을 배달시킬 때뿐만 아니라 식당에서 음식을 주문할 때도 사용할 수 있는 디지털 메뉴의 붐을 기대하고 있다. 테이블에 QR코드를 넣고 고객은 휴대폰으로 QR코드를 스캔하는 것만으로 메뉴를 보고 주문할 수 있도록 하는 것이다. 또한 발달된 디지털과 인터넷 기술은 우리가 지구상의 어디에 있든지 실시간으로 만날 수 있다는 것을 보여 주고 있다.

만약 백신 접종이 순조롭게 진행되어 우리가 신체적 접촉을 해도 괜찮은 때가 온다고 하면 사람들은 이전으로 돌아가는 것을 망설일까. 아무리 안전을 위한 것이라고 해도 신체적 접촉을 통해 느끼던 안정감과 행복감을 상실한 고통을 덜어 주진 못할 것이다. 친구를 잃어버리는 것은 아니지만, 그와의 관계에 있던 뭔가 중요한 것을 잃어버렸다는 허전함에 우리는 쉽게 적응하지 못할 것이다. 그러므로 당분간 내키지 않는 이 간격과 거리를 유지해야 한다고 하더라도 다시 마음과 마음을 뜨겁게 이어가는 관계 속 키스의 기쁨을 되찾아 와야 할 것이다.

제 2 장

코로나 신드롬,
대가족의 부활

A Deadlier Pandemic Is Coming

코로나 위기를 맞아 가장 많이 듣게 되는 단어 중의 하나가 사회
적 거리두기였다. 그런데 그 다른 한편에서는 거의 강제적인 친밀
한 관계가 형성됐다. 코로나로 인해 대외 활동을 할 수 없는 가족
전원이 집 안에 머물러야 했다. 한때 재택근무를 은근히 환영했던
사람들은 시간이 지나면서 또 다른 문제에 봉착했다. 현대사회에
서 가족구성원이 24시간을 함께 있는 것은 거의 드문 일이다. 그런
구성원들이 각자 다른 일을 하면서 한 공간 안에 머물러 있는 것은
결코 쉬운 일이 아니었다. 일과 가사가 뒤엉키고 육아의 균형감을
찾는 것이 쉽지 않다. 극단적으로 한 사람의 실수로 가족 전원이

집단발병의 불행을 겪기도 한다.[2]

큰 외부 충격은 이 흐름을 바꿀 힘을 가지고 있다. 유행병, 전쟁, 깊은 불황은 모두 가족 단위에게 영구적인 흔적을 남겼다. 이 유행병도 그럴까. 1918년의 독감 유행으로 적어도 50만 명이 사망했는데, 2번의 세계 대전을 합친 전사자보다 더 많았다. 당시 사망자의 절대다수는 젊은 남자였고, 전쟁이 끝난 뒤 살아남은 고아들은 1923년 프랑스와 1926년 잉글랜드와 웨일스를 포함한 몇몇 나라들로 하여금 아동 입양에 관한 법률을 제정하게 했다.

수십 년 후, 성 접촉을 통해 전염되는 에이즈가 아프리카를 휩쓸고 지나갔을 때에도 한창 성의 유희를 즐기던 젊은 남녀가 희생양이 되었다. 유엔UN에 따르면, 당시 수많은 어린아이들이 에이즈로 부모를 잃었고, 그 부담은 고스란히 나이 든 조부모에게 돌아갔다. 2009년 홍콩 시립 대학City University of Hong Kong의 성탁 쳉Sheung-Tak Cheng과 밴더빌트 대학Vanderbilt University의 벤자민 시안캄Benjamin Siankam은 사하라 사막 남쪽 23개 국가의 육십 대 이상 인구 중 13.5%가 자녀를 잃은 채 손자·손녀와 살고 있음을 밝혀냈다.

2

유행병이 일상을 오래 잠식하는 만큼 경제도 위축된다. 그로 인해 가족들은 또 한 번 큰 변화를 겪게 된다. 미국 워싱턴에 위치한 사회 관련 통계 전문기관인 퓨 리서치 센터Pew Research Center에 따르면, 2007년~2009년의 미국의 금융 위기 이후 부모와 함께 살고 있는 청년들이 증가했다. 18세부터 32세까지 부모와 함께 사는 비율은 2007년 36%에서 2012년 41%로 증가했다. 경기가 조금씩 좋아지긴 했지만, 학교를 마치고도 취업을 하려면 시간이 걸리기 때문에 집으로 돌아오는 성인 자녀가 늘었다. 성년이 된 자녀가 어린 시절 침실로 다시 들어가는 것은 그 자신은 물론 부모에게도 분명 우울한 일이다. 런던 경제 대학교의 한 연구에서도 성인 자녀의 귀환은 노년 부모의 삶의 질을 떨어뜨린다고 말한다.[3]

코로나는 어떤 결과를 가져올까. 이전의 다른 전염병들과는 분명 다를 것이다. 이로 인해 베이비붐이 일어나진 않겠지만, 성년 자녀들이 돌아올 가능성은 높다. 가장 큰 변화는 아무래도 가정 안에서 부모의 역할이다. 이와 관련된 흥미로운 연구 결과가 있는데, 2007년 바르셀로나 대학의 한 논문[4]에 의하면, 스페인의 육아 휴가가 시작된 이래로 부부가 아이를 갖는 데 걸리는 시간이 길어졌

3 A study into European families by Marco Tosi of the London School of Economics and Emily Grundy of the University of Essex
4 2007, Lídia Farré of the University of Barcelona and Libertad González of Universitat Pompeo Fabra

다. 그런데 그 원인은 육아에 피로를 느낀 남편들이 다른 아이를 갖는 것을 원하지 않기 때문이다. 그렇다면 코로나 이후에도 이런 현상이 일어날까. 여성들의 경우, 집에서 일을 할 수 있다면 여성들의 대부분이 일과 가사를 병행할 것이다. 그렇다면 남편들은 이번에도 또 다른 자녀 갖기를 거부할지도 모른다.

미국 금융발 위기 때처럼 다세대 가구가 늘어날 수도 있다. 대학과 직장이 문을 닫으면서 많은 성인 자녀들이 집으로 돌아가고 있다. 그러나 이번에는 합류의 감성이 조금은 다르다. 단순히 경제적인 요인 때문만이 아니라 안전의 요인도 있기 때문에 가족은 더욱 친밀해지고 있다. 모든 전염병이 가족을 친밀하게 만드는 것은 아니다. 조반니 보카치오는 14세기 흑사병에 대한 이야기인 '데카메론'에서 전염병이 가족 관계를 어떻게 파괴했는지를 적나라하게 묘사하고 있다.

하지만 이번 대유행에서 사람들은 요양시설에 격리된 부모의 죽음에 분노했다. 이들의 후손은 노인을 요양원이 아닌 집에서 돌보기 위해 길을 찾을지도 모른다. 남편들은 육아의 부담을 덜기 위해 떨어져 살았던 부모의 집 옆으로 가까이 갈 수도 있다. 경제 중심의 사회에서는 가족이 부담스러운 존재이기도 했겠지만, 지난 1년 동안 사람들은 가족이 사회 안전망으로서 얼마나 소중한지 깨닫게 되었기 때문이다.

제3장

해외여행은 아듀, 지금은 스테이케이션 시대

A Deadlier Pandemic Is Coming

코로나 이전의 일상은 밤낮없이 일하고 주말에 잠시 쉬는 사이클이다. 주중에 쉰다는 것은 상식적이지 않았다. 하지만 코로나는 엄격했던 근무 시간의 빗장을 해제시켰다. 사무실이라는 공간적 구속도 해방시키고 일과 휴식의 공존을 가져왔다. 이와 함께 스테이케이션의 시대가 열렸다. 자연과 도시 안에서 일과 휴식을 건강하게 조화시키는 스테이케이션은 새로운 여행의 패러다임이자 포스트 코로나 시대의 중요한 문화적 키워드로 자리 잡을 것이다.

미국의 유명한 크루즈전문여행사에서 2023년에 출발할 180일짜리 크루즈티켓을 판매했는데, 값이 만만치 않은 이 크루즈 탑승권이 순식간에 매진되었다고 한다.[5] 1년 넘게 국경봉쇄로 집 안에 묶여 있었던 사람들이 최초의 코로나바이러스 집단 감염이 크루즈 항해 중에 일어났다는 걸 알면서도 다시 크루즈에 오르겠다고 결심한 걸 보니, '이제는 더 못 참겠다.' 하고 비명을 지르는 게 아닌가 하는 생각이 든다. 내후년 크리스마스 직후에 샌프란시스코 항에서 출발해서 대서양과 오세아니아 연안에 있는 33개국을 돌고 99개 항구와 남극까지 돌 예정이라고 하니 참 환상적인 여행이 될 것 같다.

하지만 미국의 감염병 관련 권위자 파우치 박사는 내년까지는 마스크를 써야 할 것이라고 찬물을 끼얹었다. 그 때까지도 코로나바이러스는 완전히 사라지지 않을 것이라는 뜻이다. 그렇게 되면 꽁꽁 걸어 잠갔던 국경도 다 풀리지 않을 가능성이 높으니, 꼬박 3년을 지구촌 사람들의 발이 묶이는 셈이다.

이야기가 나온 김에 당분간은 '꿈'이 되어 버린 해외여행 얘기 좀 해볼까 한다. 19세기 미국 소설가 마크 트웨인이 이런 말을 했다. "여행이야말로 편견과 편협함에는 치명적인 독이다." 마크 트웨인은 편견에 사로잡힌 '우물 안 개구리'들에게 역설적으로 '여

5

행'을 권하고 있다.

마크 트웨인이 살았던 시대만 해도 해외여행이 그리 쉽지 않았다. 풍력에 의존한 배나 말을 타고 육상으로 이동하면 비용은 비교적 쌌지만 느렸고, 막 상용화된 증기와 철도는 보통 사람은 엄두도 내지 못할 만큼 비쌌다.

1912년 타이타닉호의 일등석 객실은 30파운드, 당시 150달러의 가치가 있었는데, 이것을 요즘 물가로 환산하면 천만 원이 넘는다. 1936년 독일에서 개발한 비행선 힌덴부르크호의 대서양 횡단 티켓 역시 400달러, 당시 100돈 가까운 금을 살 수 있는 엄청난 금액이었고, 요즘 돈으로는 약 3천만 원이나 된다. 그럼에도 불구하고 부유한 사람들은 많은 짐꾼과 노예들을 대동하고 몇 달씩 해외여행을 다녔고, 그 여행의 결과는 새로운 사업이나 베스트셀러, 인생관의 대전환으로 이어졌다. 그래서 여행은 지금까지 인류가 누릴 수 있는 가장 큰 행복이자 배움의 기회로 높이 평가되어 왔다.

유엔세계관광기구UNWTO에 따르면, 1950년에 불과 25만 건에 불과하던 해외여행 횟수는 2019년 말 15억 건으로 늘어났다. 해외여행의 목적은 휴가가 절반 이상이고, 출장이 11%, 나머지는 해외에 있는 가족이나 친구 방문 등이다. 해외여행이 성장하면서 호텔, 식당, 렌터카회사, 관광업이 탄생했다. 여행객들이 이들에게 지출하는 비용은 2019년 말 기준 1조 7천억 달러, 우리 돈으로 약 2,000조 원이나 된다.[6] 세계여행관광협회WTTC에 따르면, 코로나가 시작되기 전까지 전 세계 업종의 10분의 1인 330만 개가 여행 관련 업종이었다.

그런데 팬데믹과 함께 사람의 이동 본능에 의지해 온 이 업종이 결정적인 타격을 입었다. 2020년 3월에서 5월 사이에 전 세계 대부분의 해외여행이 거의 중단되었다. 지구촌 국가의 5분의 4가 국경을 봉쇄했기 때문이다.

코로나로 인한 팬데믹 상황 가운데 가장 타격을 입은 산업은 항공 여행 산업이다. 봉쇄와 여행 제한, 승객의 두려움으로 인한 항공 결항은 빠르게 항공 관련 산업들을 침몰시켰다. 2020년 4월 영국 히드로Heathrow 공항 이용객 수는 97% 감소했다. 2차대전 이후 최하 수준으로 떨어졌다. 항공사들은 이전의 다른 전염병들을 생각하면서 곧 회복될 것이라고 믿었지만, 여름이 지나면서 코로나가 사스나 다른 병들의 경우와는 다르다는 것을 깨닫기 시작했다.

6

사스는 항공사들이 관리하기 쉬웠다. 사스는 감염 즉시 증상이 나타났고, 감염자들은 다른 사람들에게 퍼지기 전에 격리 조치가 가능했다. 그런데 코로나는 감염된 지 최대 2주가 지나도록 아무런 증상이 보이지 않는다. 게다가 보건 전문가들은 이 병의 세계적인 전파에 비행기가 결정적인 역할을 했다고 보는 것이었다.

UNWTO의 추산에 따르면, 작년 한 해 항공 운항은 70%나 줄었고, 여행객은 10억 명, 지출은 11억 달러가 줄었다고 한다. 2008년 금융 위기 때보다 10배나 더 큰 타격을 입었다. 백신 접종이 시작됐다고 하지만 여행업은 다른 업종이 모두 회복되고 난 다음에야 비로소 살아나기 시작할 것이라고 OECD는 예측하고 있다.

과거 항공업계는 항상 위기에서 완전히 회복했다. 그러나 이번에는 달랐다. 비즈니스 여행도 순식간에 사라졌다. 코로나로 인해 불황을 겪고 있는 기업들의 사업 계획서에서 해외 출장 예산이 가장 먼저 지워졌다.

여행을 위한 항공 이용은 아예 회복의 기미조차 보이지 않는다. 이와 함께 많은 여행 상품과 여행 붐은 공황 상태에 빠졌다. 그나마 답답한 실내를 벗어나 여행을 하는 사람들도 혼잡한 항공기보다는 자동차나 기차, 유람선을 선호한다. 결국 2021년에는 스테이케이션Staycation[7]이 보편화될 것이다. 이 표현은 내게 무척이나 익숙하다. 나는 이미 2007년에 이런 여행 패러다임의 변화를 꿈꾸었다. 물론 나 역시도 이 오랜 소망을 바이러스 덕에 이렇게 고통스럽게 이루게 될 줄은 몰랐다.

스테이케이션은 당시 기후 변화 문제를 논의하기 위해 환경 운동가들이 모인 자리에서 '가급적 장거리 여행을 줄이자'는 취지로 방법을 찾던 중 나온 표현이다. 이 말에는 두 가지 중요한 바람을 담았는데, 하나는 탄소 발생의 주범인 항공의 이용을 최소화하는 것이고, 두 번째는 항공 여행을 통해서 얻는 문화 다양성 체험을 국내 여행의 한 프로그램으로 확대·대치하자는 것이다.

실제로 항공 여행의 퇴보와는 대조적으로 국내 여행은 약진 중이다. 물론 코로나 사태로 인해 기존의 국내 여행 상품들도 거의 무용지물이 되었다. 하지만 시간이 지나면서 해외로 나갈 수 없는 이들이 조용히 국내 여행을 시작했다. 그리고 이제 국내의 명소들은 코로나로부터 안전하고, 코로나로 인한 스트레스와 갑갑한 일상을 전환할 수 있는 '진정한 휴식처'로 거듭나고 있다.

7

단순히 자연이 있는 명소뿐만이 아니라 도시 안에 조성된 작은 공원과 휴양 시설에도 바깥바람을 쐬려는 도시인들의 발길이 잦아지고 있다. 코로나 상황의 장기화는 염려가 되지만, 한편으로는 공원휴양학을 전공한 사람으로서 무척 반가운 현상이 아닐 수 없다.

이런 변화를 통해서도 알 수 있듯이 코로나는 항공 여행을 퇴보시킨 것만큼이나 국내 여행과 도시 여행을 활성화시키고 있다. 멀리 가지 않아도 가까이에서 얼마든지 삶의 피로를 씻어낼 휴식처를 찾아낼 수 있다는 사실에 안도한다. 그리고 서서히 국내 여행 프로그램도 이런 추세에 맞추어 새로운 상품들을 내놓기 시작했다. 경제적이면서 기후 변화에도 동참할 수 있고 무엇보다 공포스러운 유행병의 대유행으로부터도 안전한 새로운 여행 패러다임, 스테이케이션의 시대가 열리고 있다.

스테이케이션의 또 다른 특징 중 하나는 여가 문화의 재편이다. 이전의 여가라는 말은 일과 대칭되는 개념이었다. 일과 여가는 한 공간 안에서 공존할 수 없는 개념이다. 그러나 스테이케이션 안에서는 일과 여가의 구분이 그리 뚜렷하지 않다. 아니, 오히려 공존이 더 어울리는 편이다.

코로나 이전의 일상은 밤낮없이 일하고 주말에 잠시 쉬는 사이클이다. 주중에 쉰다는 것은 상식적이지 않았다. 강도 높은 전문직들은 1년 내내 거의 죽을 만큼 일하고 겨우 1년에 2, 3주 정도 휴가를 즐긴다. 그러니 항공기를 타고 멀리 무인도에 가서 바다 밑을 헤매고 다니거나 산티아고에 가서 두 발로 걸으며 '직립 인간'임을 만끽하고 와야 일의 스트레스에서 조금 해방될 수 있었다.

하지만 코로나는 엄격했던 근무 시간의 빗장을 해제시켰다. 사무실이라는 공간적 구속도 해방시켰다. 재택근무, 온라인 근무, 출퇴근 시간 선택 근무 등으로 실질적인 노동 시간이 줄고 가정에 머무는 시간이 늘어나면서 일과 휴식이 공존하게 됐다. 스테이케이션은 이렇듯 자연과 도시 안에서 일과 휴식을 건강하게 조화시키는 새로운 여행의 패러다임이자 포스트 코로나 시대의 새로운 삶의 양식을 표현하는 중요한 문화적 키워드로 자리 잡을 것이다.

제4장

|

집에 갇힌 사람들에게 다가오다 1
: AI

A Deadlier Pandemic Is Coming

어떤 상황이 오더라도 AI가 과거처럼 다시 역사 속으로 사라지는 일은 없을 것이다. 아직 충분히 맞을 준비가 된 것은 아니지만, 친절하고 세심한 AI 서비스는 이미 우리 삶 깊숙한 곳에 자리 잡고 있다. 이 시점에서 중요한 것은 'AI가 무엇을 할 수 있는지 묻지 말고 사람이 무엇을 할 수 있는지'에 집중하는 것이다.

헐리우드 영화 〈트랜스포머〉 시리즈로 널리 알려진 '퍼셉트론 Perceptron'은 영화감독이 지어낸 이름이 아니다. 1958년 프랭크 로젠블라트Frank Rosenblatt라는 심리학자 겸 컴퓨터 과학 연구자가 최초로 개발한 초기 단계의 인공로봇의 이름이었다. 당시 퍼셉트론은 오늘날의 텔레비전 리모컨보다 능력이 떨어지는 수준이었지만, 당시로서는 상상도 할 수 없는 '귀신기계'였다. 외부의 아무런 작업 지시 없이 오롯이 혼자 오른쪽에 인쇄된 카드로부터 왼쪽에 인쇄된 카드를 인식하는 것을 배울 수 있는 능력을 갖추고 있었다.

이 작업에 자금을 지원한 미국 해군은 퍼셉트론이 걷고, 말하고, 보고, 쓰고, 번식하고, 자신의 존재를 의식할 수 있는 전자 컴퓨터의 씨가 되기를 원했다. 누군가의 영어 연설을 다른 나라 말로 통역하거나 연설을 글로 옮기기를 바랐다. 하지만 높은 기대에 부응하지 못한 AI 연구는 침체일로를 걸었다.

1980년대 잠시 부흥기가 있었다. 그 바람이 한국까지 강하게 불어와서 당시 한국에서 하던 사업을 접고 AI를 개발하기 위해 실리콘밸리로 간 사람들이 있었을 정도였다. 하지만 또다시 AI는 사람과 기계의 거리를 극복하지 못한 채 길고 긴 두 번째 침체기로 접어들었다.

21세기와 함께 세 번째 AI 열풍이 불고 있다. 이번 열기는 대단하다. 한국의 공항에서 길 안내를 하고 미국의 거리에서 주차요금을 받던 AI는 어느새 가전제품에서부터 난이도 높은 수술실까지 없는 곳이 없다. 기계가 사람의 일을 대신한 것은 이미 200년 전부터다. 물론 기계가 모든 것을 대신할 수는 없겠지만, AI 시대 사람들의 관심사는 '과연 기계가 인간의 지능을 뛰어넘을 수 있을 것인가'이다. 이 의문에 대해 한국인을 가장 놀라게 한 사건이 바로 알파고와 천재기사 이세돌의 대국이었다. 천하무적인 천재바둑기사 이세돌을 꼼짝 못하게 만든 알파고를 보며 많은 사람들이 신기함을 넘어 두려움을 느꼈다.

〈인간은 필요 없다Humans Need Not Apply〉라는 저서로 국내에도 잘 알려진 스탠포드 대학교 인공지능학자 제리 카플란Jerry Kaplan은 가장 먼저 인공지능 시대를 예견한 전문가 중의 한 사람이다. 몇 년 전 그는 한 한국 언론 팀과의 인터뷰에서 "곧 우리는 AI 없이는 살 수가 없어질 것이다. 인류의 역사는 AI 이전과 이후로 나뉠 수도 있다. 젊은이들은 AI로 인해 일자리를 잃게 될지 모르나 학습 능력이 떨어지고 외로운 노년 세대에게는 좋은 친구가 될 것이다. 문제는 그 속도가 파괴적일 만큼 빠르다는 것이다."라고 하며 AI의 본격적인 등장을 예고했다. 불과 몇 년 만에 그의 예언은 거의 현실이 되어 가고 있다. 최근 그의 화두는 인공지능과의 공존과 인류의 미래다. 이와 관련해서 최근에 펴낸 책 〈인공지능의 미래〉 서문에서 이렇게 질문한다.

"향후 수십 년 동안 인공지능은 지금의 인간사회를 한계점까지 몰고 갈 것이다. 우리 미래가 〈스타트렉〉같이 전례 없는 번영과 자유의 시대가 될 것인지, 아니면 〈터미네이터〉같이 인간과 기계의 끊임없는 투쟁의 시대가 될 것인지는 우리 인간의 행동에 달려 있다.”

실리콘 밸리의 예언자로 널리 알려진 미래학자 폴 사포Paul Saffo 역시 ‘앞으로는 디지털 기술보다 AI가 더 중요해질 것’이라고 말했다. 더 이상 AI의 겨울은 오지 않을 것이라는 예언이었다. 그런데 코로나로 인한 팬데믹 상황으로 AI는 인류 곁으로 한층 가까이 다가왔다.

사회적 격리와 함께 온택트 라이프가 일상화된 요즘 더 많은 이들을 상대로 한 더 나은 온택트 환경을 구축하는 과정에서 AI가 새롭게 각광을 받고 있다. 사람들이 집 안에 머무는 시간이 늘어나면서 AI 스피커 사용자가 늘고 있다. 인터넷 플랫폼 카카오는 ‘카카오 코로나 백서’를 통해 코로나 확산 이후 ‘AI 서비스 확산’을 주요 변화의 하나로 꼽았다. 카카오의 음성 기반 AI 서비스인 ‘헤이카카오’ 사용자 수는 코로나 확산 추세와 비슷한 규모로 늘어났다. 코로나가 소강상태일 때는 줄어들고, 확산이 커질 때는 늘었다. 콘텐츠 종류별로 보면, 교육 분야에서의 AI 서비스 사용도 눈에 띄게 늘어났다. 이는 원격 수업으로 집에서 지내는 시간이 늘어난 자녀들이 있는 가정의 사용 빈도가 높았기 때문이다.

사실 미국질병통제센터CDC와 세계보건기구WHO보다 더 빨리 코로나의 발생과 확산을 예측한 것도 캐나다의 인공지능 스타트업 '블루닷BlueDot'이었다. 의사와 프로그래머 40여 명으로 구성된 블루닷은 AI를 기반으로 의료 관련 데이터를 분석하여 전염병을 추적하고 예측하는 기술을 보유하고 있다. 블루닷은 코로나뿐만 아니라 에볼라, 지카 바이러스의 유행도 예측한 바 있다.

AI가 발달하면 할수록 그 가공할 지적 능력과 반대한 데이터 규모로 탐내는 악의적인 도용에 대비해야 한다. 실제로 중국에서는 AI를 이용해 신장지역에 경찰국가나 다름없는 감시망을 구축했다. 미국에서는 AI가 흑인 청소년의 마약 및 범죄율이 과거에도 높았기 때문에 앞으로도 그럴 가능성이 있다는 기계적인 예측을 내놓아 이들을 검거하는 비율이 높아지고 있다.

AI의 편향화된 예측으로 인해 폐단이 계속되자 구글은 '시스템은 반드시 사회적으로 이로워야 하며' '불평등한 편향성을 만들거나 강화하는 것을 피해야 하며' '안전을 위해 테스트를 한 뒤에 구축해야만 한다'는 내용의 AI 원칙을 세웠다. 마이크로소프트와 페이스북도 비슷한 가이드라인을 발표했다. 또한 페이스북은 15,000명이 넘는 '콘텐츠 관리자'들을 고용해서 AI 알고리즘을 감시하고 있다. 빅데이터를 기반으로 AI가 만들어 낼 수 있는 오류와

편견, 부분적인 것의 일반화 등을 막기 위한 조치다.

  그러나 어떤 상황이 오더라도 AI가 과거처럼 다시 역사 속으로 사라지는 일은 없을 것이다. 아직 충분히 맞을 준비가 된 것은 아니지만, 친절하고 세심한 AI 서비스는 이미 우리 삶 깊숙한 곳에 자리 잡고 있다. 이 시점에서 중요한 것은 MS의 대표 브래드 스미스Bradford Lee Smith가 말한 것처럼 'AI가 무엇을 할 수 있는지 묻지 말고 사람이 무엇을 할 수 있는지'에 집중하는 것이다.

제5장

집에 갇힌 사람들에게 다가오다 2
: 반려동물과 자전거

A Deadlier Pandemic Is Coming

1만 년 전 늑대와 같은 조상으로부터 진화해 온 개들은 집에서 우리가 먹을 것을 찾도록 도와주고 위험한 동물로부터 지켜 주었다. 그 모든 수고로 인해 개들은 점차 사람의 친구가 되었다.

　미국 프린스턴 대학의 진화 생물학자 브리짓 폰 홀츠Bridgett von Holdt 팀은 지난 3년간 개와 늑대의 사회적 행동에 대한 기본적인 유전적 기초를 연구했다. 개들은 비슷한 환경에서 자란 늑대들보다 인간에 대한 사교성이 뛰어나서 더 많은 관심을 기울이고 지시와 명령을 더 효과적으로 따른다. 폰 홀츠는 이런 차이를 만들어 내는 것이 잠재적·유전적 요인 때문임을 밝혀냈는데,[8] 이런 인간 친화적인 개들은 유전적으로 GTF2I와 GTF2IRD1이라는 두 가지 유전자의 변형들을 지니고 있다는 것이다.

그런데 사람이 이 유전자에 문제가 있을 경우 '윌리엄스 증후군'을 보인다. 이 증후군은 1만 명당 1명씩 걸리는 희귀병으로 얼굴에 기형이 생기고 인지 장애와 함께 '독립성은 약해지고 사람에 대한 각별한 애착과 의존도가 높아져서' 결국에는 사람 없이는 살 수가 없다. 윌리엄스 증후군을 앓는 사람에게 '나쁜 사람, 싫은 사람'은 없다. 모든 사람을 좋아하고 반긴다.

폰 홀츠는 개의 유전자 변형 역시 개가 독립적으로 살아갈 수 있는 기능을 억제함으로써 윌리엄스 증후군을 가진 사람과 같은 행동을 하는 것으로 보고 있다. 더불어 친화성도 개에 따라 다를 수 있는데, 사람이 이런 행동증후군이 있는 품종을 그동안 반려동물로 키워온 것일 수도 있다고 덧붙였다.

8

Science Advances, 2020년 7월 19일자 게재. 'Structural variants in genes associated with human Williams—Beuren syndrome underlie stereo typical hyper sociability in domestic dogs'

폰 홀츠는 여러 차례에 걸쳐 끈질기게 개의 유전자적 변형과 인간에 대한 친근함에 대해 연구했다. 2010년에는 오레곤 주립 대학의 동물행동학자 모니크 우델Monique A. R. Udell 박사 팀과 개와 늑대의 유전자 구조에 대해 연구한 결과를 〈네이처Nature〉지에 발표했다.[9] 이 연구에서도 개의 유전자 변형이 확인되었다. 가장 흥미로운 실험은 2014년에 이루어졌다. 당시 폰 홀츠와 우렐은 18종의 다양한 품종의 개와 사람에게 익숙해지도록 훈련된 늑대 10마리를 대상으로 이루어졌다.

당시 개와 늑대에게 주어진 미션은 '소시지가 들어 있는 상자를 여는 것'이었는데 친숙한 사람이 있을 때, 낯선 사람이 있을 때, 사람이 아무도 없을 때 등 3종류의 환경에서 시행했다. 실험 결과, 모든 상황에서 늑대가 개보다 훨씬 빨리 미션을 완수했다. 그리고 특히 사람이 있을 때 그 차이가 크게 벌어졌는데, '개들은 상자를 여는 것이 힘들었던 게 아니라 사람의 눈치를 보느라고' 바빴던 사실을 확인했다. 인간에 대한 개들의 친근함은 사람에게 길들여진 후천적 요인보다 유전자적 요인이 훨씬 강하다는 사실이 밝혀졌다.

9

'Genome-wide SNP and haplotype analyses reveal a rich history underlying dog domestication'

어쩌면 이 연구팀이 말한 것처럼 만여 년 전 사람이 개와 처음 집에서 살기 시작할 때부터 사람이 개를 길들인 것이 아니라 개가 사람과 함께 살기 위해 사람을 길들였는지도 모를 일이다.[10]

누가 먼저 시작했든 인간에게 개는 부인할 수 없는 운명공동체이고 최근 이런 사실을 다시 한 번 확인시켜 준 연구 결과가 발표되었다. 최근 노스캐롤라이나 주립 대학 박사 과정에 있는 캐더린 와이즈Catherine F. Wise와 공동 연구자들은 같은 공간에 있는 인간과 개에게 같은 물질의 독성 성분이 있음을 밝혀냈다. 와이즈의 연구팀은 화학 노출을 감지하는 신기술이 탑재된 실리콘 손목밴드와 개 목걸이를 이용해 이런 성분에 오래 만성적으로 노출된 인간과 개가 똑같이 독성 성분이 있다는 사실을 최초로 밝혀냈다.

그런데 사람은 이런 독성 화학 물질로 인해 질병이 생기기까지는 적어도 십 수 년, 길게는 수십 년이 걸리는 반면, 애완동물에게서는 수년 안에 질병으로 발전되어 나타난다. 그러므로 같은 공간에 있는 애완동물들이 이런 노출로 인해 질병을 얻게 된다면 같은 공간에 있는 사람의 발병을 미리 예방할 수 있게 되는 것이다. 그런 면에서 애완동물은 사람에게 일종의 조기경보시스템 역할을

10

한다는 것이다.

개의 암이 인간의 암과 매우 유사하다는 것은 많은 연구를 통해 널리 알려진 사실 중의 하나다. 개들도 인간과 같은 환경을 공유하기 때문에 암에 걸리게 되는 것이다. 개를 비롯한 모든 애완동물은 인간과 같은 공기를 마시고 같은 물을 마신다. 하지만 우리가 아침에 일어나 상쾌한 공기를 마시며 애완동물과 공원을 함께 산책하고 돌아와 샤워를 했다면, 공원에서 함께 밟았던 잔디와 꽃들에 뿌려진 제초제나, 잠시 앉았던 벤치와 아침에 사용한 비누와 샴푸 속에 있었던 화학적 성분들이 똑같이 애완동물에게도 전달되는 것이다. 그렇게 몇 년을 함께 지내는 사이 애완동물은, 화학 성분에 노출된 채 살아가는 사람보다 앞서 그 대가를 치르는 것이다.

코로나를 통해 사람들의 사이는 더 멀어졌고 반려동물은 더 가까워질 전망이다. 오랜 세월 우리와 함께 살면서 맹수에게서 우리를 지켜 주고 먹을 것을 찾을 수 있도록 도와주었던 개들은 한편으로는 보이지 않게 우리에게 시시각각 다가오는 위험을 온몸으로 미리 알려 주고 가는 셈이다. 이 정도면, 비록 동물이기는 하나 인생의 반려라는 호칭을 해줄 만하지 않은가.[11]

11

팬데믹으로 인해 반려동물만큼이나 가까워진 것이 자전거다. 사람들의 행동반경이 좁아지고 버스와 지하철의 사용에 많은 제약이 따를 뿐 아니라 대중교통에 대한 불안감이 고조되면서 전 세계적으로 자전거를 찾는 사람들이 급증하고 있다. 미국에서도 거의 모든 대도시에서 자전거 수급 비상이 걸렸고 매달 최다 판매량 기록을 갱신하고 있다. 미국 브루클린의 한 자전거 회사는 전년 대비 6배 이상 매출이 올랐다.

잘 아는 사실이지만 미국에서 자동차 없이 산다는 것은 상상도 할 수 없는 일이다. 땅이 넓은 미국에선 자전거로는 옆집도 가기가 어렵다. 그래서 자동차가 2, 3대 있는 집에 자전거가 없어도 별로 이상하지 않았다. 그래서 30년 넘게 미국의 환경 운동가들과 환경 운동을 지지했던 백악관이 자전거 타기를 권유할 때도 큰 변화가 없었던 미국에서 코로나 위기를 거치면서 순식간에 자전거가 각 가정의 필수 기본 이동수단으로 등장했다. 확실히 코로나바이러스는 환경 운동가들의 편인 거 같다.

한국에서도 킥보드 사고가 늘고 있는데, 이는 그만큼 많은 사람들이 사용하고 있기 때문이다. 하지만 같은 시기 전 세계에서 자전거 판매가 늘기 시작할 무렵 유독 한국에서만은 아무런 변화가 없었다. 대신 한국에선 등산객이 늘었다. 자전거를 타고 다닐 만

한 평평한 도로보다는 집만 나서면 오를 수 있는 산이 더 많기 때문이기도 하다.

지난 4월, 뉴욕은 보행자와 자전거 이용자들에게 이전에 자동차가 다니던 도로 중 100만 마일 130킬로미터를 일시적으로 개방했다. 하지만 이 조치가 영구 조치가 될 가능성도 있어 보이는 움직임이 잇따르고 있다. 오클랜드는 팬데믹 기간 동안 도로의 약 10%를 폐쇄하고 시애틀 역시 20마일의 도로를 영원히 폐쇄하기로 했다.

뉴욕시 교통위원인 폴리 트로튼버그Polly Trottenberg는 "앞으로 몇 달 안에 더 많은 사람들이 자전거로 통근하게 될 거라고 확신한다. 저는 지금 태어나서 처음으로 자전거를 타는 사람들을 많이 보고 있다. 다른 말로 하면, 도시가 살아나고 있는 것이다."라고 말했다.

뉴욕의 자전거 통근자는 전체의 1%도 되지 않는다. 그나마 자전거 통근자가 많은 것으로 알려진 포틀랜드도 6.3%에 불과하다. 이에 비해 네덜란드 코펜하겐의 직장인과 학생들의 절반이 자전거로 이동한다. 미국 뉴욕 대학교의 루딘 교통정책 관리센터의 사라 카우프만Sarah M. Kaufman은 "유럽은 지속 가능성과 미래 지향적이기 때문에 자전거를 선호하지만, 미국은 자동차를 중심으로 건설된 나라다."라고 말하며 팬데믹으로 인해 미국의 일상이 변하고 있다고 분석했다.

　개인도, 국가도 점점 더 자전거와 가까워지고 있다. 이제 자전거를 타는 것은 이전의 그 어느 때보다도 중요하고 경제적인 일상의 수단으로 자리 잡게 될 것이다. 자전거는 체육관에 갈 수 없는 상황에서 효과적인 운동 수단이며, 사람들이 몰리는 대중교통에 불안감을 느끼는 이들의 교통수단이다. 어떤 이들에게는 대학생이 되면서 헤어졌던 어린 시절의 추억이 이제는 어디든 자신이 갇혀 있는 곳에서 벗어날 소중한 탈출 수단이다. 그리고 동시에 우리 모두에게 보다 안전하고 깨끗한 공기와 지속 가능한 환경을 만들어 가는 길이기도 하다.

제6장

신먹거리 트렌드, 가드닝과 도시 농업

A Deadlier Pandemic Is Coming

알래스카에 사는 북극여우는 '생태 엔지니어'라는 별명을 갖고 있다. 이 여우는 굴 주변에 자신의 분비물로 비료를 주며 정원을 가꾼다. 길고 어두운 북극의 겨울 동안 다른 포식자들로부터 새끼를 보호하기 위해 깊은 굴속에서 산다. 조사 결과, 이 굴 중에는 100년이 넘은 것도 있다. 평균 8~10마리, 최대 16마리의 새끼를 키우는 여우들은 굴 주변에 배뇨와 배변, 먹다 남은 쥐 찌꺼기 등이 뒤범벅된 상당량의 영양분을 쌓아 두는데, 눈이 녹으면 이 유기농 퇴비를 먹이 삼아 수많은 풀들이 자란다. 이 북극여우의 정원은 북극 전역에 퍼져 있다. 풀들이 무성할 때면 북극여우들은 이 풀 속에 100개가 넘는 거위 알을 숨겨 두었다가 겨울철 비상식량으로

먹는다. 정원은 북극여우의 생존에 없어서는 안 될 보물창고다.[12]

코로나와 함께 가드닝에 눈을 돌리는 사람들이 늘고 있다. 가드닝은 여러 가지 장점이 있다. 갑갑한 실내를 벗어나 신선한 바깥바람을 쐴 수 있어 좋고, 코로나 등으로 인한 불안과 걱정을 이기는 데에도 효과적일 뿐 아니라 가족이나 친구들과 함께하면 행복한 유대감을 만끽할 수도 있다.

그리고 무엇보다 지극히 단순한 행동으로 '새로운 기쁨'을 만끽할 수 있게 된다. 햇볕을 쐬고 비를 맞는 것만으로 생명을 움 틔우는 장면, 그 신선한 빛깔과 향기, 그리고 그 생명력이 내 몸을 채울 때의 만족감과 가벼운 땀흘림 뒤에 오는 개운함 등 도시의 일상에서는 거의 맛보지 못했던 새로운 기쁨이 우리의 삶을 채운다. 새로운 냄새, 맛, 색깔, 질감, 패턴, 만족스러운 성취감을 경험하게 될 것이다. 자신의 관심사 외에는 거의 그 무엇도 기억하지 못하는 어른과 아이들이 지나쳐 온 거리에 핀 꽃과 돌의 모양을 기억하게 된다. 그전에는 존재조차 몰랐던 새로운 세상을 발견하게 된다. 그중에서도 가장 놀라운 기쁨은 누구도 할 수 있고 돈도 거의 들지 않는다는 사실이다.

[12]

〈신경과학과 건축, 공통의 토대를 찾아서〉[13]라는 논문으로 신경건축학이라는 새로운 영역을 개척한 정신건강 전문가 에스더 스턴버그Esther M. Sternberg는 뇌에는 자연의 아름다움을 인식하는 부분이 있어 자연을 볼 때마다 엔도르핀이 발생한다고 한다. 심지어 스트레스 수치, 혈압, 심박수를 줄여서 편안히 쉬는 것과 같은 상태로 만든다는 사실이 밝혀졌다.

이런 관점에서 보면 가드닝은 우리에게 안심하고 먹을 수 있는 신선한 먹거리를 확보할 수 있다는 장점이 있을 뿐 아니라 자신이 먹을 음식을 친환경적으로 재배함으로써 기후 변화에도 대응할 수 있다. 이래저래 가드닝은 이 시대를 살아가는 모두가 도전해 볼 가치가 있는 일이 아닌가 싶다.

프랑스의 많은 부동산 중개업자들도 요즘 정원이 딸린 시골집을 찾는 손님이 부쩍 늘었다고 말한다. 실제로 한 여론 조사에서 프랑스인의 61%가 시골이나 별장으로 이주하기를 원하는 것이 드러났다.[14] 도시에서의 이점의 일부를 포기하더라도 전원에서 자연생태적인 삶을 더욱 확대하기를 원하는 것이다.

---

13 원제 Neuroscience and Architecture: Seeking Common Ground, 저자 에스더 스턴버그, 매튜 윌슨 공저.

14

그런가 하면 보다 더 적극적으로, 도시 한복판에서 자연생태적인 삶으로의 회귀를 시작한 이들이 생겨나고 있다. 세계적인 도시의 한복판에 북극여우의 정원을 닮은 도시 농장이 늘어나고 있는데, 그중 대표적인 곳이 싱가포르이다. 콘크리트와 금속의 천국인 싱가포르의 쇼핑몰과 주차장, 학교와 건물로 빼곡한 도시 전역에 도시 농장이 우후죽순처럼 늘어나고 있다. 옥상의 여유 공간에서 야채를 키우는 주택단지의 '텃밭' 개념이 아니다. 아예 빌딩 안에 컴퓨터와 책상으로 가득했던 사무실을 비워 그 공간에 농장을 조성하는 것이다. 물론 흙이나 비료로 야채를 키우는 노지형 농사가 아니다.

이 빌딩 안 농장에 들어서면 바닥에서 천장까지 촘촘히 쌓인 긴 선반에 케일과 상추가 싱그러움을 뿜어내며 자라고 있다. 그 사이사이로 연결된 전기 케이블은 마치 컴퓨터를 작동시키는 케이블만큼이나 정교하고, 이를 통해 실내를 밝히는 전기는 식물이 흡수할 수 있는 전자파 스펙트럼만을 방출하도록 설계된 보랏빛 LED 조명이다. 이 조명이 햇빛을 대신해 식물들을 키우는 것이다.

싱가포르의 식량 재배용 농지는 전체 국토의 1%도 안 되는 720km² 남짓이다. 이 무주공산이나 마찬가지인 시장을 바라보며 건물 안에 밀집도가 높은 농장을 만들어 수익을 기대하는 비즈니스맨들이 늘고 있다. 도시 한복판에서 농업전문회사를 차린 것이다. 그렇게 지난 2014년 이후 싱가포르 도심에 들어선 상업용 도시 농장은 30곳이 넘는다.

싱가포르 정부는 이 변화를 환영하는 분위기다. 싱가포르는 현재 식량의 90% 이상을 수입하고 있어 기후 변화, 질병 발생, 세계 식량 상황에 의해 식량 위기를 겪을 가능성이 매우 높은 나라다. 2030년까지 식량 자급률을 30%까지 끌어올린다는 야심 찬 계획을 추진 중이지만, 앞으로도 당분간 코로나와의 공존이 불가피한 지금, 작지만 알찬 도시 농장의 등장은 여간 반가운 게 아니다. 그래서 싱가포르 정부는 팬데믹 사태로 도시 농업의 성장이 둔화되지 않도록 파격적으로 지원하고 있다.

물론 도시에서의 농업은 비쌀 수도 있다. 건물을 확보해야 하고 자유롭고 풍부한 자원인 태양을 잃어야 한다. 하지만 환경을 더 잘 통제할 수 있기 때문에 온도와 습도, 이산화탄소, 빛, 물, 영양분을 조절하여 더 맛있는 상추와 채소들을 재배할 수 있다. 실제로 전통적인 농장보다 같은 평수에서 거의 170배 이상의 채소를 얻을 수 있다. 재배 방법도 땅에서 하는 것보다 훨씬 더 쉽고 깨끗하다.

미래를 대비하는 가장 확실한 방법 중의 하나는 과거를 돌아보는 것이다. 농업이 싹트기 전, 인류는 수렵과 채집을 통해 끼니를 해결하고 병을 고쳤다. 우리의 모든 먹거리와 의료적인 요구를 스스로 해결할 수는 없겠지만, 앞으로 인류는 어떤 형태로든 스스로 자신과 가족들의 음식을 직접 자연에서 구해야 하는 상황이 될 것이다. 그것이 언제 또 닥쳐올지 모르는 '이동 제한, 공급 제한'의 상황이 올 때는 마치 북극여우의 정원처럼 가장 안전하고 경제적이며 가장 혁신적이기 때문이다.

제 7 장

미래형 식량 자급자족,
어반 포리징이 늘고 있다

A Deadlier Pandemic Is Coming

이렇게 코로나로 인한 단순한 실내 이탈을 위한 정원 가꾸기의 단계를 넘어 보다 적극적이고 본격적으로 자연 친화적인 먹거리 자급자족의 패러다임이 형성되고 있다. 이른바 '어반 포리징Urban foraging'이다. 표현이 정확하게 일치하지는 않지만 이 표현에 등장하는 포리징이란 말은 원래 포획, 약탈이라는 뜻이었는데, 어반이라는 말과 함께 쓰이면서 동물 포획, 사냥의 뜻은 사라지고 주로 식물과 채소, 숲과 흙과 같은 자연생태적인 친화와 자급자족형 농업의 뜻을 가진 말로 탈바꿈했다.[15]

어반 포리징은 근본적으로 우리 주변의 생태적인 환경에 대한 친밀한 연구 혹은 '적극적인' 상호 작용을 의미하며 식물과 꽃과 채소의 이름을 알고 성질을 배우며 맛은 어떤지, 인체에서 어떻게 사용되는지, 어디에서 주로 자라며 어떤 맛의 요리가 되는지 등등을 아는 것이라고 할 수 있다. 이미 10여 년 전부터 유엔이 '농업을 도시로 가져와야 한다'는 생각으로 환경 전문가들과 논의해 오던 개념이다. 이를 유도할 다양한 방법과 적절한 계기를 찾고 있던 유엔의 고민을 코로나가 대신 해결해 준 셈이다.

물론 극히 일부의 '먹거리 선각자'들에 의해 어반 포리징으로 재배된 자연식품들이 이미 십여 년 전부터 마트에 나오기 시작했지만, 최근 들어 그 수와 종류가 한층 더 다양해지고 있다. 비싼 식당에서조차 기존의 대형 식품회사를 통하지 않고 자신들이 아는 농부들을 통해 유기농이거나 생태 친화적으로 재배된 식재료들을 공급받기 시작했고, 상당수의 요리사들이 자기 식당이나 자신이 사는 지역에서 키운 채소와 고물을 자신의 요리에 적극적으로 채택하고 있다.

어반 포리징은 식단의 변화에도 강력한 힘을 발휘하고 있다. 내셔널 지오그래픽 여론 조사에 따르면, 미국인 중 3분의 1, 특히 밀레니엄 세대로 불리는 M세대와 디지털 원주민 세대로 불리는 Z세대인 18세에서 34세의 사람들이 육류가 빠진 식단을 더 선호하고 있다고 말했다. 처음에는 비싼 비용과 한정된 육류 선택의 폭 때문이었지만, 코로나로 인해 더욱 부각된 인수 전염병에 대한 우려로 점점 육류를 기피하는 사람들이 늘었기 때문이다.

또한 새로운 형태의 국내 여행에도 영향을 미치고 있다. 단순히 내 빌딩이나 내 집 주변의 작은 정원을 통해서 신선한 식물을 자급자족하는 것뿐만 아니라 다른 지역에서 재배되는 신선한 식물을 값싸게 먹으며 여행하는 어반 포리징 투어가 늘어나고 있다. 미국 노스캐롤라이나 지역의 한 생태 관광 회사는 아예 '집밥 투어No Taste Like Home'를 인기리에 운영하고 있다.[16] 현장에서는 참가자들이 전문 채집가와 함께 직접 생선을 잡거나 채소를 따는 경험을 하기도 하고 일부는 요리를 해서 먹게 하는 여행이다. 자연스럽게 식단의 변화도 이루어지고 있다.

그런 면에서 어반 포리징은 건강을 위한 최고의 식단을 제공한다. 포리징, 즉 식물을 키워서 먹거나 여행을 갔을 때 그 지역에서 재배된 음식을 먹는다는 것은 그 식물에 있는 모든 영양소를 최상의 상태에서 먹을 수 있다는 것을 말한다. 동시에 한 식물이 여러

16

단계를 거쳐 도시의 내 집에 오기까지 대부분 잃어버리게 되거나 그것을 최대한 보존하기 위해 더해지는 모든 유해물질에 대해 걱정할 필요가 없어진다는 것을 말한다.

무엇보다 놀라운 것은 이미 우리의 몸이 우리가 사는 지역의 식물과 일정 부분 닮고 있다는 것이다. 해외 원정을 나간 국가대표 선수들이 한국에서 어머니가 만들어 준 김치를 먹어야 힘이 나는 것은 단순히 정신적인 요인만은 아니다. 우리의 삶과 전혀 상관없는 지역에서 재배되고 키워진 음식물은 우리 몸에 낯선 이방인일 뿐이다. 적응하는 데 상당한 시행착오와 치열한 노력이 필요하다. 하지만 내가 나고 자란 지역에서 난 음식은 내 몸을 편안하게 하고 치유한다.

한국의 생태 관광을 탄생시키고 이끌어 오고 있는 한국생태관광협회[17]에서도 1년 내내 전국 오지의 농부들이 키워 내는 신선한 식물과 이를 통한 지역생태여행 프로그램을 홍보하고 있다. 협회 관계자의 말에 의하면, 코로나 사태가 시작된 후 이런 자급자족형 농부들이 운영하는 생태 관광 프로그램에 대한 신뢰가 높아졌다. 이런 추세로 볼 때 한국에서의 어반 포리징은 이미 그 기초가 잘

[17]

닦여 있다고 본다.

특히 한국에는 주요 도시 주변에 상당한 규모의 그린벨트가 있다. 이곳을 둘러싸고 택지 개발을 하느냐 마느냐로 심심찮게 시끄러운 사회 이슈가 계속된다. 환경 분야에 있는 한 사람으로서 이곳을 택지로 개발하는 것은 위험천만한 일이라고 생각한다. 하지만이 지역의 일부를 도시인들이 '어반 포리징'을 할 수 있도록 제도적으로 허용한다면, 그린벨트를 잘 살리면서도 다가올 식량 문제를 생태 친화적으로 해결하는 멋진 방법이 되지 않을까 생각한다.

우리를 닮은, 우리를 치유할 보석 같은 식물들이 바로 내 주변에서 자라고 있고, 콘크리트의 틈새를 뚫고 올라와 생명력을 유지하고 있다. 그 생명력으로 우리의 생명을 보다 안전하게 유지해 가는 어반 포리징 시대가 다가오고 있다.

제8장

주5일 근무는 지옥, 주4일 근무는 천국?

A Deadlier Pandemic Is Coming

이른 아침 사람들이 제대로 다 말리지 못한 머리카락을 털며 긴장된 눈빛으로 전철을 향해 뛰던 모습이 기억 속에서 아스라이 멀어지고 있다. 그렇게 성인이 되면 집보다 더 많이 머물러야 할 곳으로 당연시되던 공간인 '사무실'이 우리의 일상에서 빠르게 멀어지고, 사무실에서 멀어진 시간만큼 집에서 맴돌고 있다.

지난여름 코로나 관련 기사를 보다가 한 주간지의 타이틀에 시선이 꽂혔다. 'Farewell BC (before coronavirus) Welcome AD (after domestication)'[18]이라고 쓰인 이 제목을 보고 웃어야 할지

18

울어야 할지 잠시 망설였다. 코로나를 향해 잘 가라고 할 수 있는 상황은 반갑지만, 그 뒤에 따라붙은 'domestication'이라는 말이 영 찜찜했다.

이 말의 원뜻은 야생 동물을 가축으로 길들인다는 뜻이다. 기자는 홈피스나 재택근무와 같은 근사한 개념을 생각했는지는 몰라도 삶의 공간을 자유로이 선택할 수 없는 갑갑한 상황이 계속될 것이라고 말하는 것인가 하는 두려움이 생겼다. 그런데 그로부터 다시 몇 달이 흐른 지금도 여전히, 우리의 일상은 이 단어에서 그리 벗어나지 못한 상황에 있다.

야생 동물처럼 전 세계를 자유로이 오가던 70억 인구는 코로나에 의해 놀랍도록 빨리 '실내 생활'에 적응했다. 신문과 책들이 아이들의 옷이 널브러진 소파나 음식 냄새가 채 가시지 않은 식탁 위에서 탄생하고, 아빠들은 아이들을 재우며 비즈니스 파트너와 중요한 사업 이슈를 논의한다. 윗옷은 셔츠에 외투를 입고 밑에는 파자마를 입은 남편이 화상회의로 국제 콘퍼런스에서 주제 발표를 하기도 한다.

이 변화는 산업사회가 태동한 19세기에서 20세기 사이 수많은 사람들이 집을 나와서 거대한 건물 속 사무실로 갔었을 때와 거의 맞먹는 엄청난 대사회변혁이다. 트위터는 '모든 직원들이 계속해서 집에서 일하게 될 것'이라고 아예 직장문화를 바꾸었고, 페이스북도 같은 길을 가고 있다. 사람들이 공장으로 가는 데에는 오랜 시간이 걸렸지만, 다시 집으로 돌아오는 데에는 불과 한두 달이면 충분했다. 코로나는 인류사에 또 다른 기원전BC, 기원후AD 분기점을 만들어 가고 있다.

이런 전환을 가능하게 한 결정적인 공헌자는 인터넷의 광대역 서비스와 다양하게 진화한 서비스 산업이다. 하지만 이들은 초기의 동력일 뿐이다. 사람들은 얼마 안 가 온라인상으로 진행하는 일들이 정상적으로 돌아갈 수 있다는 것과 해볼 만한 일이라고 생각하게 됐다. 이후부터는 팬데믹 때문이 아니라 새로운 흐름에 효율성을 발견한 사람들이 스스로 새로운 삶의 방식에 뛰어들었다. 과거 집에 있는 사람은 룸펜이었다. 사회에 합류하는 데 실패한 낙오자였다. 하지만 이제 그런 비판적인 시각은 사무실을 고집하는 사람들에게 쏠리고 있다.

물론 많은 것들을 잃어버렸다. 온라인 회의는 얼굴을 맞대고 하는 일상의 대화가 갖는 친밀감과 자연스러운 교류가 쉽지 않다. 분위기를 가볍게 하기 위한 즉흥적인 발언도 전달이 늦다. 자연히 같은 농담을 해도 이전처럼 신나지 않는다. 서로 마음을 터놓고 격의 없이 이야기하는 동안 샘물 솟듯 솟아나던 창의력에도 조금은 한계가 있다.

하지만 재택근무는 원래 집에서만 일을 하자는 것은 아니다. 코로나바이러스의 특성상 감염을 피할 수 없는 사무실에 함께 모여 있는 것을 피하자는 취지다. 그러므로 사무실에 모여 있는 것만 아니면 어디서든 일할 수 있다. 필요하면 서로 다른 직장을 다니는 친한 친구들끼리 편한 공간을 빌려서 일해도 되고, 비행기가 오갈 수만 있다면 어느 나라에서도 일할 수 있고, 와이파이만 있다면 지구 오지에서도 일할 수가 있다. 내가 있는 그곳이 바로 사무실이 되고 일터가 되기 때문이다. 기대 이상의 시너지 효과도 나타나고 있다.

또 한편으로는 그동안 깨닫지 못했던 사무실 근무의 불필요한 활동과 비효율성에 대해서도 냉정하게 볼 수 있는 계기가 되었을 뿐 아니라, 온오프 근무의 장점을 모은 새로운 형태의 '근무 방식'으로의 접근도 가능하다.

돌아가는 분위기로 볼 때, 직장 생활이 BC 시대로 귀환하지 않으리라는 것을 고용주들도 직감하고 있다. 직원들을 사무실에 모으려고 애를 썼던 고용주들조차도 지금의 변화 속에 뜻하지 않은 달콤함을 경험하고 있기 때문이다. 고용주들은 직원에게 필요한 사무실을 제공하기 위해 도시에 비싼 건물을 임대해야 했고 사무용 가구와 수많은 컴퓨터, 그리고 청소와 전기료, 일부 식사 비용 등 보이지 않는 막대한 비용을 지불해야 했다. 하지만 직원들이 나오지 않으면 상당한 비용을 아낄 수가 있게 된다.

마침 영국 최초이자 최고의 경영대학교인 레딩 대학교University of Reading의 헨리 비즈니스 스쿨은 주4일 근무로 영국 기업들은 연간 1,040억 파운드를 절약할 수 있다는 연구 결과를 발표했다.[19] 이 연구는 '4일제가 좋을까, 나쁠까?Four better or four worse?'[20] 백서에서 기본 월급을 다 주면서 주당 근로 시간을 단축하는 것이 생산성 향상과 신체적·정신적 건강 증대를 통해 기업의 수익률을 어떻게 증가시킬 수 있는지, 그리고 더 깨끗한 환경적 결과를 만들 수 있는지를 밝혀냈다.

연구 결과, 이러한 근무 방식은 직원의 전반적인 삶의 질을 향상시켰으며(78%), 직원들이 더 행복하고, 스트레스를 덜 받았고(70%), 병으로 인한 휴가 사용이 줄었다(62%)고 응답했다. 결국 고용주들도 주4일 근무제가 인재 유치와 유지에 도움이 된다는 사실

[19]

[20] 2019년 7월 3일 발간.

을 인정했다. 이제 변화된 고용환경의 빈 곳을 메꿀 수 있는 새로운 직원의 인사평가 방식이라든지, 직무평가를 위한 새로운 툴을 만드는 데 집중해야 할 때다.

그렇게 온라인 비즈니스와 재택근무는 고용주나 노동자 양쪽에게 새로운 세상으로 다가가고 있다. 그러니 사이버 공간에서의 새로운 사무실을 한번 맛본 이상, 공간 중심의 전형적인 과거의 사무실에 대한 믿음은 결코 회복되지 않을 것이다. 주5일제는 완전히 없어질지도 모른다. 9 to 5라는 말도, 주말이라는 말도 굳이 필요가 없어진다. 미래의 직장인들은 그들이 원할 때 일하고 원할 때 쉴 수 있으며 회사에는 화상회의를 할 때 고화질의 커다란 모니터만이 남게 될 것이다. 고용주들이 더 이상 시내 한복판에 사무실을 마련할 필요가 없듯이 직장인들도 도시에서 살 필요가 없어져서 교외나 소도시에 그림 같은 집을 마련하는 붐이 일어날 수도 있다.

어떤 의미에서, 이것은 인간다운 정상으로 되돌아가는 것이라고 말할 수도 있다. 19세기까지 대부분의 사람들은 그들의 집에서 일하거나 근처에서 일했다. 2세기 만에 코로나와 함께 새롭게 출발한 세상에서는 보다 인간적이고 가족 중심적인 옛 일터로의 회귀로 시작되고 있다.

제9장

유럽의 Post Corona 세대, 워라밸로 간다

A Deadlier Pandemic Is Coming

직장 문화가 바뀐다면, 근로자들은 교통 체증이나 버스 혹은 전철에서 머무는 시간을 상당히 줄일 수 있게 될 것이다. 런던과 뉴욕의 평균 출퇴근 시간은 자그마치 2시간 반이다. 만일 집에서 일한다면, 1년에 약 300시간 이상을 줄일 수 있고, 그 시간으로 잠을 보충한다면 하루에 8시간씩 자도 40일이 넘는다.

지금 같은 직장 생활이 보편적인 성인들의 삶의 리듬이 시작된 것은 약 200년 전이라고 한다. 아침이면 도시 변두리에 사는 사람들이 부지런히 집을 나서서 도시의 중심에 있는 일터를 향해 마치 개미떼처럼 사방에서 몰려든다. 도심의 북적이는 사람들 사이에서 정신없이 하루를 보낸 사람들은 밤늦게 다시 콩나물시루와 같은 대중교통에 몸을 싣고 썰물처럼 도심을 빠져나간다. 모두가 당연하게 여겼던 직장 생활이었고, 2020년 초까지만 해도 우리 중 그 누구도 이 리듬이 바뀔 것이라는 생각은 해본 적조차 없다. 도시직장인들의 꿈은 기회와 여건만 된다면 한 블록이라도 회사와 가까운 곳에 살고 싶다는 것이다.

그런데 단 1년 만에 100년 넘게 이어져 오던 삶의 리듬이 깨졌다. 지난봄의 어느 날 사람들은 회사로부터 '당분간 출근하지 말라'는 통보를 받았다. 이대로 일자리를 잃는 것은 아닐까 하는 불안감과 사무실에 대한 애착, 동료들을 향한 그리움은 여름까지뿐이었다. 가을이 되면서 고용주들은 사무실을 다시 개방했지만 직장인들은 상당수가 여전히 집에 머물고 있다. 집에서 누리는 평온과 자기 리듬에 맞는 일의 사이클에 익숙해진 직장인들은 이제, 만일 기회와 여건만 된다면 사무실로부터 기꺼이 멀어질 각오가 되어 있다.

일과 삶에 관한 사람들의 인식이 급격히 변하고 있다. 과연 사람들은 자신이 얼마나 삶과 일의 균형을 잘 이루어 가고 있다고 생각할까. OECD의 최근 관련 자료에 의하면, 워라밸[21]Work-life balance 의 일

21 워라밸은 Work-life balance, 즉 일과 삶의 균형감을 중시하는 새로운 트렌드다.

등 국가는 최근 덴마크에서 네덜란드로 바뀌었다. 줄곧 덴마크가 일등을 차지하고 있었는데 옆 나라 네덜란드가 1위를 이어받은 것을 보면 북유럽 사람들에게 워라밸의 특별한 노하우가 있는 것은 분명한 듯하다. 그 뒤를 이탈리아, 스페인 등 낙천적인 서유럽 국가들이 상위권을 차지했고 유럽 최악의 워라밸 후진국인 영국 뒤로, 미국과 호주, 한국이 불명예스러운 이름을 올렸다.

실제로 영국인은 유럽의 다른 국가 사람들보다 1일 평균 수면 시간이 한 시간이나 짧다. 그만큼 노동 시간이 길고 심지어 영국 근로자의 12%가 일주일에 50시간 이상을 일한다. 미국보다 더 노동 시간이 많고 독일보다는 무려 3배나 된다. 그런데 영국인 근로자의 생산성은 영국이 가진 경쟁력에 비해 형편없이 뒤떨어진다고 한다. 이런 상황에서 팬데믹을 맞은 영국의 고용주들은 지옥 같은 한 해를 보내고 있다. 그중에서도 이들을 가장 당황하게 만드는 대상이 바로 근로자들이다. 지난봄 재택근무를 위해 집으로 돌아간 근로자들이 사무실에 다시 나오려고 하지 않기 때문이다.

한국에서도 팬데믹 이전부터 이와 비슷한 기류가 감지되었다. 2017년 글로벌 정보분석 기업인 닐슨Nielson의 한국 지사에 속한 왓츠 넥스트 팀이 조사한 결과에 따르면, 한국인 10명 중 7명이 '돈보다는 워라밸'을 더 중요시 여기는 것으로 나타났다.[22] 이 팀은 유연 근무제에 대한 대중의 인식과 유연 근무제가 개인의 일과 삶의 균형을 이루는 데 얼마나 도움이 되는지를 알아보기 위해 전국에서 19세 이상, 70세 미만의 성인남녀 1,000명을 대상으로 조사를 실시했다.

이 조사 결과, 남성보다는 여성이, 장년층보다는 이삼십 대가 더욱 유연 근무제를 선호하고 있고, 10명 중 7명이 '연봉이 적더라도 일과 삶의 균형을 유지할 수 있는 일'을 희망하고 있음이 드러났다. 또한 응답자들은 유연 근무제가 이전의 근무 방식보다 생산성을 더욱 높일 것(62.7%)이라고 대답하기도 했다. 이 조사를 통해 한국인들이 생각보다 훨씬 더 일과 삶의 균형을 소중히 여긴다는 사실을 알 수 있다.

하지만 개인의 삶과 일의 균형에 있어 가장 중요한 요인 중 하나가 고용주다. 2018년 EU의 한 조사 결과에 따르면, 유연 근무제를 원하는 유럽 국가의 근로자 중에 실제로 유연 근무제의 혜택을 받은 근로자는 5분의 1밖에 되지 않았다. 이들 중 3분의 1 이상은 스스로 유연 근무의 기회를 포기했는데, 그 이유는 '고용주에게 부

22

정적인 인상을 주고 싶지 않아서'였다. 실제로 고용주들도 재택근무를 하는 근로자가 집에서 일을 제대로 하지 않고 있다고 생각하는 비중이 높았다.

그런데 팬데믹이 고용주와 근로자 상호 간의 오해와 불신을 단번에 불식시켰다. 글로벌 여론조사기관인 유고브Yougov의 조사[23]에 따르면, 영국 직장인 1,686명 중 3분의 2 이상이 집에서도 사무실에서 하는 것만큼 효율적으로 일을 잘해낼 수 있다고 생각하고, 집에서 일하는 것이 이상적인 워라밸을 유지할 수 있다고 답한 사람은 무려 5분의 4나 됐다.

다양한 조사와 연구를 통해 근로자들의 생각은 분명해졌다. 그렇다면 고용주들은 어떨까. 근로자들이 없는 동안 고용주들도 뜻밖의 사실들을 알게 됐다. 우선 근로자들을 위해 지출해야 했던 많은 비용들이 줄어드는 것을 보았다. 가장 큰 것은 넓은 사무실 공간을 확보하기 위해 지출했던 임대료였다. 소리 없이 고용주들도 미소를 지을 수 있었던 것이다. 더 이상 집에서 나오기 싫어하는 근로자들을 기다릴 필요는 없다는 깨달음과 더불어 발 빠르게 새

---

23 2020년 5월, 영국 주요 도시에 거주하는 18세 이상 성인남녀 1,686명 대상.

로운 패러다임에 발맞추어 변신을 시도하는 회사들이 늘고 있다.

직장 문화가 바뀐다면, 근로자들은 교통 체증이나 버스 혹은 전철에서 머무는 시간을 상당히 줄일 수 있게 될 것이다. 세계적으로 출퇴근에 가장 많은 시간을 소비해야 하는 곳은 런던과 뉴욕인데, 평균 출퇴근 시간이 자그마치 2시간 반이다. 만일 집에서 일한다면, 1년에 약 300시간 이상을 줄일 수 있고, 그 시간으로 잠을 보충한다면 하루에 8시간씩 자도 40일이 넘는다.

물론 재택근무가 모두에게 이상적이지는 않다. 집에 어린아이가 있는 남자 직장인들은 일에 육아의 부담까지 떠안게 될 수도 있다. 젊은 청년들은 자기 분야의 선배나 멘토에게서 배울 기회를 잃는, 결정적인 '손실'을 입게 될 것이다. 그럼에도 불구하고 유럽의 직장인들은 틀에 박힌 이전의 직장 생활로 돌아가고 싶어 하지 않는다. 만일 고용주가 이전의 근무 조건을 고집한다면, 아무리 많은 월급을 준다고 해도 원하는 인재를 고용할 수 없을 것이다. 이 분명한 흐름을 중심으로 기업은 물론 정치 사회의 전문가들이 새로운 고용 문화와 기준들을 고민해야 할 때이다.

제 10 장

미국의 Post Corona 세대,
사무실로 돌아가고 싶다

A Deadlier Pandemic Is Coming

사람의 존재감을 무너뜨리는 것 중 하나가 '피부의 배고픔', 즉 '접촉 결핍증'
이다. 직장인들이 사무실을 그리워하는 마음속에도 공간뿐만 아니라 '일상
적 접촉'의 그리움이 자리 잡고 있다. 습관처럼 주고받는 악수, 토닥거림, 회
사 근처 식당에서 매일 만나는 주인의 환대와 동료가 내미는 한 잔의 커피 같
은 것들이 직장인들의 행복지수를 높이는 데 결정적인 역할을 한다.

일터에 관한 여론 조사 속에서 미국과 유럽이 갈렸다. 재택근무
에 대한 직장인 여론 조사에서 미국의 직장인들은 유럽의 직장인
들과는 정반대의 경향을 보였다.[24] 미국 서부의 널리 알려진 건축

24

설계 회사 겐슬러Gensler 소속 연구기관인 겐슬러 연구소는 10개 분야에 종사하는 2,300여 명의 직장인들을 대상으로 한 전화 설문조사[25]를 통해 '대부분의 직장인들이 사무실로 돌아오기를 원한다.'는 결과를 얻었다.

이번 연구조사의 질문은 세 가지였다. 첫 번째는 재택근무와 사무실 복귀 중 어느 것이 더 좋으냐고 물었다. 이 질문에 대해 12%만이 재택근무를 하고 싶다고 답했고, 88%는 사무실 복귀를 희망했다. 44%는 아예 일주일 내내 출근하고 싶다는 의사를 밝혔다. 팬데믹 이전에는 미국 직장인의 10%만이 재택근무를 했고, 많은 기업들이 '직원들이 원한다면 전원이 계속해서 재택근무를 할 수 있도록 하겠다'고 언급한 상황에서 나온 결과여서 매우 흥미롭다.

두 번째 질문은 '직장인들이 사무실에 나오려고 하는 이유는 무엇인가?'였다. 이에 대해서는 동료와의 회의, 동료와의 교제, 직접적인 대면을 통해 이루어지는 즉각적인 상호 작용 때문이라고 말한 사람들이 가장 많았다. 이 답이 말해 주듯이 젊은 직장인들은 재택근무 이후, 동료들과의 관계의 결핍을 가장 힘들어했다. 그 외

25 Gensler-US-Work-From-Home-Survey-2020

에는 공동체의 일원이라는 소속감, 업무에 필요한 기술 접근성, 업무 집중도, 고객과의 회의, 직업상의 경험을 쌓기 위해서 사무실에 돌아오기를 원했다.

그중에서도 밀레니엄 세대와 Z세대는 중년층보다 훨씬 온라인 기술이 뛰어남에도 불구하고 집에서 일하는 것이 훨씬 능률이 떨어질 뿐 아니라 워라밸을 영위하기 어렵다고 말했다. 특히 직장 생활의 경험이 짧은 Z세대[26]는 직장 선배들을 통한 경험 전수와 직업적 성장을 위해서, 또한 만족스러운 워라밸을 성취하기 위한 방법으로 주4일제 근무를 열렬히 환영하고 있다.

이런 답변은 재택근무가 훨씬 더 능률적일 수 있다고 말한 유럽의 젊은 근로자들과는 정반대다. 유럽은 젊은 층이 재택근무를 더 선호하고 원하고 있는 반면에 미국의 젊은 직장인들은 사무실에 출근하기를 원했다. 어쩌면 이 젊은 세대들은 그들의 부모보다는 작은 아파트에 살거나 경제적으로 어려워 룸메이트와 방을 같이 쓰고 있을 수도 있다. 그런 비좁은 공간에 어린 자녀까지 있다면 그들에게는 사무실이 필요할 것이다.

---

26 1996년~2012년에 태어난 계층으로 1981년~1995년에 태어난 밀레니엄세대와 구분된다. 현재 미국 인구의 4분의 1을 차지하고 있는 Z세대는 2000년대에 검색 엔진, 모바일 연결, 즉석 메시지의 등장을 목격한 디지털 개척자 세대로, 다양성과 포용성에 가치를 두고 완벽한 모델을 바라보는 대신 자신만의 스타일을 추구하는, 현재 지구촌 최고의 소비자층이다.

단, 회사로 돌아오기를 원하는 젊은 직장인들은 '안심하고 돌아올 수 있는 사무실의 획기적인 변화'를 원했다. 철저한 방역과 사무실의 위생 처리는 물론 효과적인 사회적 거리두기가 가능하고 업무 수행의 효율을 높이려면 기존과 같은 공동 사무 공간 대신 개인 집무실이 필요하다고 말했다. 팬데믹 상황 속에서도 사무실을 포기하지 않는 이들은 유럽과는 사뭇 다른 미국의 기업문화를 엿보게 한다.

스티브 잡스도 함께 일하는 공간인 사무실을 중시했다. 혁신은 사람과 사람 사이에서 시작된다고 믿었기 때문이다. 심지어 그는 사람들의 통행이 많은 건물 중심에 화장실을 만들라고 했다. 그렇게 해서라도 직원들이 업무적 목적이 아닌 아주 편한 장소에서 자주 만나도록 유도했다. 세상에는 없는 첨단 기술을 개발하는 엔지니어들 사이에도 '지적 혁신은 대륙이나 대양을 가로질러 오는 게 아니라 바로 복도나 길 위에서 온다'는 말이 바이블처럼 전해져 오고 있다. 간단한 업무는 집에서 할 수 있을지 몰라도 그 중요도가 커지고 일의 밀도가 높아질수록 모여야만 시너지 효과가 생기기 때문이다.

코로나와 함께 사회로부터 격리된 직장인들의 문제와 관련해서 주목받는 전문가 중 한 사람인 티파니 필드Tiffany Field 교수는 마이애미 대학 의과대학에서 '접촉'에 관한 전문연구소를 운영해 오고 있다. 필드 교수는 사람의 존재감을 무너뜨리는 것 중 하나가 '피부의 배고픔', 즉 '접촉 결핍증'이라고 말한다. 직장인들이 사무실을 그리워하는 마음속에도 공간뿐만 아니라 '일상적 접촉'의 그리움이 자리 잡고 있다. 습관처럼 주고받는 악수, 토닥거림, 회사 근처 식당에서 매일 만나는 주인의 환대와 동료가 내미는 한 잔의 커피 같은 것들이 직장인들의 행복지수를 높이는 데 결정적인 역할을 한다. 실제로 이탈리아 밀라노비코카 대학의 심리생물학자인 알베르토 갤러스Alberto Gallace 교수는 "특정 압력과 속도로 피부에 가해지는 자극, 즉 접촉은 피부에 전용 신경섬유를 활성화시켜서 도파민, 세로토닌, 옥시토신을 포함한 호르몬의 칵테일이 분비되어 불안감을 진정시키고 행복하게 만든다."라고 말한다.

그런데 코로나와 함께 그 모든 행복의 조건으로부터 차단되고 장기간 격리당한 직장인들은 정신적으로 심각한 고통을 겪고 있다. 그리고 한편에선 빠르게 개인화가 나타나고 있다. 팬데믹 기간 동안 직장인들은 두 부류의 성향을 나타내고 있는데, 더 게을러지거나 아니면 반대로 일중독자가 된다.

그런데 어느 부류이든 공통적으로 이전보다 회사에 대한 소속감이 약해진 상태에서, 불안감을 해소하기 위해 지금보다 높은 보수의 직장, 보다 나은 환경의 직장을 찾기 시작하는데 결국 팬데믹이 끝나고 경기가 좋아지게 되면 일중독이면서 회사에 충성도가 높았던 사람들이 새로운 일터를 찾아 이동할 것이라고, 전문가들은 예측하고 있다. 즉, 능력 있고 헌신적인 직장인들이 돌아오고 싶어 하는 사무실은 이전에 다니던 사무실이 아닐 수도 있다는 뜻이다. 전문가들은 이 모두가 장기간의 재택근무로 인한 접촉의 결핍이 빚어낸 결과이며, 많은 기업들이 인력난으로 인한 포스트 코로나 쇼크를 맞게 될지도 모른다고 우려한다.

그러니, 기업가들이 고민할 문제는 언제 다시 직원들을 사무실로 오게 할 것이냐가 아니다. 팬데믹이 지나고 다시 경기가 되살아나기 시작할 때는, 많이 늦을 수도 있다. 바로 지금 오랜 재택근무로 지쳐 가고 있는 직원들이 다양한 방법으로 동료들과의 '접촉'과 '소통'을 계속할 수 있도록 길을 열어 주어야 한다. 그리고 어떻게 하면 직원들이 회사에 대한 소속감과 신뢰, 맡은 업무에 대한 책임감을 잃지 않고 능동적으로 포스트 코로나 시대를 준비하게 할 것인가를 고민해야 한다. 그것이 점점 가까워지는 포스트 코로나 시대, 인력난 쇼크를 피하는 길이자 많은 인재들이 와서 일하고 싶은 일터를 만들어 나가는 길이라고, 전문가들은 조언한다.

3

팬데믹과 경제
그리고 도시

Attacks of Virus and Carbon
A Deadlier Pandemic Is Coming

제 1 장

코너로 내몰린 경제,
돌파구는?

A Deadlier Pandemic Is Coming

코로나는 인류에게 '경제의 필요'에 대한 근본적인 의문을 제시하고 있다. 지금까지 우리가 알고 있었던 경제의 키워드는 시장 경제였다. 인류는 '시장은 좋은 삶의 질을 제공하는 것이기 때문에 보호되어야 한다'고 생각해 왔다. 그런데 다음 질문에 답해 보자. 우리는 소유한 재화를 극대화하기 위해 돈을 사용하는가, 아니면 생명의 극대화를 위해 돈을 사용하는가.

지금으로부터 1년 후 혹은 10년 후에 우리는 어떻게 살고 있을까. 코로나로 인해서 바뀐 생활 방식이 생각보다 더욱 광범위하게 영향을 미치는 것을 보면서 이런 생각을 하게 된다. 나는 지금 은퇴하고 비교적 평온한 일상을 보내고 있지만, 한창 일하고 있는 나의 제자들이나 삼사십 대 한국의 청년 계층은 앞으로 어떻게 자신의 삶을 영위해 나가게 될까. 이런 생각을 하면 가슴이 답답해지는 게 사실이다. 사무실에 나가는 날만 줄어든 게 아니다. 그만큼 회사는 수익이 줄었고, 그 과정에서 일자리를 잃는 사람이 속출하고 있다. 코로나바이러스가 우리 경제와 삶에 미친 치명적인 결과다. 한국인을 비롯한 지구촌의 인류는 얼마나 오래 이 깊은 늪에서 허우적거리게 될까.

국제적 연대와 교류가 약해지면서 크든 작든 각 나라 정부의 역할이 개인에게 미치는 영향이 상대적으로 강해졌다. 한 나라의 정부가 코로나바이러스로 인한 지금의 상황에 어떻게 대처하느냐에 따라 그 나라 국민의 경제와 미래가 좌우된다. 비록 더 악화될 수도 있지만, 이 위기는 기회가 될 수도 있다. 최선을 다해 그 길을 찾아가야만 한다.

그러려면 첫째, 작은 변화로는 성공할 수 없다는 점을 기억해야 한다. 팬데믹 사태는 한 나라 혹은 한 지역만의 문제가 아니다. 지구가 일일생활권이 된 상황에서는 전 인류적인 일치된 변화만이 이 상황을 종식시키고 다시 비상할 수 있는 기회를 잡을 수 있다.

또한 팬데믹 사태의 직접적인 원인은 바이러스이지만, 이 위기 상황을 효과적으로 통제하고 해결하기 위해서는 인간의 행동과 이를 촉발하는 생존 방식, 즉 포괄적인 경제적 맥락에 대해 짚어야만 한다. 경제는 물류에 의해 일어나고 물류는 필연적으로 사람들의 교류를 동반한다.

그런데 코로나 역학의 핵심 논리는 간단하다. 사람들은 함께 있는 동안 감염을 퍼뜨린다. 사람들의 교류가 일어나는 모든 현장에서 감염이 일어난다. 그러므로 감염을 줄이려면 교류를 줄여야 한다. 그러므로 가장 효과적인 방법은 경제 활동을 축소하는 것이었다. 이번에 온 인류가 공통적으로 경험해 보아서 알겠지만, 무섭게 번지는 전염병을 막기 위해 일상의 교류는 물론 경제적 활동을 축소한 결과, 전염병의 확산만 지연된 것이 아니었다. 에너지 절약 및 온실가스 배출이 줄면서 자연이 황홀하게 제 모습을 찾아 가는 것을 온 지구가 목격했다.

그러니 이제 결정해야 한다. 다시 이전의 상황으로 돌아가 예측 불가한 팬데믹의 폭격을 또 당할 것인가, 아니면 앞으로 올 바이러스와 팬데믹을 예방하고 보다 안전한 미래를 잡기 위한 큰 변화에 동참할 것인가를 결정해야만 한다.

두 번째는 경제 침체 문제다. 교류의 감소는 세계 경제에 심각한 압박을 가하고 있다. 그 결과, 모든 나라가 심각한 불황에 직면해 있다. 결국 락다운을 해제하게 만든 것도 경제였다. 사람들은 바이러스로 인한 팬데믹만큼이나 경제로 인한 위기를 두려워하고 있다.

붕괴의 경제학은 상당히 단순하다. 기업은 이윤을 내기 위해 존재한다. 생산하지 못하면 물건을 팔 수 없다. 이익을 내지 않는다는 것은 고용할 능력이 떨어진다는 것을 의미한다. 경기가 다시 회복될 때를 위해 당분간은 잉여 인력을 고용할 수 있지만, 만약 지금과 같은 불경기가 계속되거나 악화된다면 실직이 늘어날 것이고, 사람들은 실직에 대비해 소비를 줄일 것이다. 불황은 회복할 수 없는 상황으로 치달을 것이다. 이런 상황에 정부가 해오던 전형적인 선택은 자금을 푸는 것이다. 하지만 정부의 자금에도 한계가 있다. 그래서 우리에게는 '새로운 경제적 사고방식'이 필요하다.

흔히 많은 사람들이 경제를 생각할 때 소비재를 중심으로 생각한다. 소비재가 많이 생산되고 팔리면 경제가 좋아진다고 여긴다. 하지만 이것은 매우 잘못된 생각이다. 경제의 주체는 물건이 아닌 우리 사람이다. 우리의 자원이 아니라 인간이다. 경제에 관한 관점을 바꿀 때 우리는 더 적은 양의 물건을 가지고 살면서도 더 행복하게 여기며 삶을 영위할 수 있게 된다.

영국 서리 대학교University of Surrey 생태경제학 전문연구원인 시몬 마이어Simon Mair 연구팀은 '어떻게 하면 사회적으로 정의롭게 생산을 줄일 수 있는가'에 대해 관심을 갖고 연구해 왔다. 이들이 얻은 결론 중에는 '근무 시간을 단축하는 것' 외에도 '느리게 일하고 성과 부담을 주지 않는 것'이다. 즉, 사람들의 월급 의존도, 즉 경제 의존도를 줄여 가는 것이다.

그렇게 코로나는 인류에게 '경제의 필요'에 대한 근본적인 의문을 제시하고 있다. 지금까지 우리가 알고 있었던 경제의 키워드는 교환의 가치에 따른 시장 경제였다. 사람들은 자기가 원하는 것이나 필요한 것을 위해 돈을 쓴다. 그것이 가치 있는 소비라고 여겨 왔다. 경제의 핵심인 돈이 쓰이는 곳이 주로 시장이다. 그래서 사람이 시장을 지배하고 시장이 사람을 위해 있는 것 같지만, 천만에, 시장이 사람을 지배해 온 것이다. 시장과 교환 가치는 경제를 운영하는 가장 좋은 방법으로 여겨져 왔고, 공공 시스템은 마치 수익 창출 사업인 것처럼 민영화 압력을 점점 더 받았다.

그런데 코로나 사태를 겪으며 사람들은 시장에 반기를 들고 있다. 생존의 필수 요건인 의료와 일터를 시장에서 거두어 정부의 손에 맡기고 있는 추세다. 각 나라의 정부들은 불과 1년 전까지만 해도 상상도 못했던 일들을 과감히 하고 있다. 스페인에서는 사립병원이 국유화되었다. 영국에서는 다양한 교통수단의 국유화가 어쩌면 현실화될 수 있다. 프랑스는 대기업들을 국유화할 준비가 되어 있다고 말했다. 시장은 과거와는 완전 정반대로 가고 있지만, 놀랍게도 사람들이 이 상황 가운데 자신의 안전을 느낀다는 점이다.

그렇다면 왜 진작 이런 생각은 하지 못했던 것일까. 왜 생산을 줄이지 못하고 날마다 치열하게 생산 증대와 규모 증대에 목을 걸고 살았던 것일까. 한마디로 우리의 경제에 대한 우리의 인식이 잘못되어 있었기 때문이다. 돈의 위력이 얼마나 큰지, 산업사회 이래로 인류는 '시장은 좋은 삶의 질을 제공하는 것이기 때문에 보호되어야 한다'고 생각해 왔다. 그리고 이러한 사고방식은 서구 국가들에게 공통적이다. 유독 영국과 미국이 이런 인식이 강한데, 그래서인지 코로나에 대한 대응이 매우 미흡했다.

이런 영국의 고정관념을 증명이라도 하듯이 영국 총리실 최고참 보좌관이 COVID-19에 대해 "경제 보호, 연금 수급자가 좀 죽어도 어쩔 수 없음."이라고 말한 것이 유출되어 논란이 된 적이 있다. 경제 붕괴를 감수하면서까지 코로나에 대응할 필요가 없다는 입장을 단적으로 보여 주는 말이다. '고령자들은 경제 불황에 빠지느니 차라리 죽음을 택할 것'이라고 말했던 미국 텍사스주 고위 공무원의 발언도 같은 맥락에서 나온 것이다.

그렇다면 과연 지금 우리에게 요구되고 있는 경제에 관한 바람직한 시각은 무엇일까. 그 답을 찾기 위해 다음 질문에 답해 보자. 우리는 소유한 재화를 극대화하기 위해 돈을 사용하는가, 아니면 생명의 극대화를 위해 돈을 사용하는가.

얼마 전 영국 공영 방송 BBC가 전문가들과의 인터뷰를 통해 위의 두 가지 질문으로 도출될 수 있는 미래의 모습을 국가 자본주의의 부활, 야만주의로의 하강, 급진적인 국가 사회주의로의 쏠림, 상호 원조에 기반한 큰 사회로의 전환이라는 네 가지로 정리했다.

국가 자본주의

국가 자본주의는 우리가 지금 전 세계에서 보고 있는 지배적인 반응이다. 대표적인 예로 영국, 스페인, 덴마크가 있다. 국가 자본주의 사회는 위기에 처한 시장이 국가의 지원을 필요로 한다는 것을 인식하고 복지를 연장하여 개입한다. 신용을 확대하고 기업에 직접 대금을 지급하는 등 대대적인 경기 부양책도 제정한다. 목적은 가능한 한 많은 기업이 거래를 계속할 수 있도록 하는 것이다. 하지만 시장 기능을 유지하기 위해 전면적인 락다운을 할 수는 없기 때문에 감염은 사라지지 않을 것이다. 그래서 사망자 수가 증가하면 제한적인 국가 개입은 점점 더 어려워질 위험이 도사리고 있다.

야만주의

가장 암울한 시나리오다. 침체되는 시장의 가혹한 현실로부터 병과 실업으로 고립되는 이들을 구제할 대책이 없는 한, 이 암울한 가정은 현실이 될 수밖에 없다. 기업은 도산하고, 노동자들은 굶주릴 것이며, 병원은 생명과 심리적 안정을 위한 특별한 행정 조치가 뒷받침되지 않아 결국은 마비될 것이고, 사람들은 아무런 보호도 받지 못한 채 죽어 나가는 상황이 벌어질 것이다. 이 최악의 상황은 국가가 적시에 충분히 효과적으로 개입하지 못한 경우에 발생하게 된다. 코로나로 인한 경제 침체와 사회적 안정 유도를 위한 잇따른 정책의 실패로 사회정체적 불안을 가중시켜 결국에는 국가 부도 및 기초 복지 제도 붕괴의 비극을 초래하고야 말 것이다.

국가 사회주의

국가 사회주의는 경제 우선의 사고방식 가운데 다른 하나의 가치를 함께 생각하는 문화가 조성될 때 시작된다. 현재 영국, 스페인, 덴마크에서 취한 조치들이 지속된다면 도달할 수 있는 미래의 모습이다. 이들 나라에서는 무료 전염병 치료나 실업 급여 지급과 같은 조치가 이루어졌는데, 문제는 이 조치가 생명을 보호하기 위한 것이며 국가는 식량, 에너지, 필수적인 의료복지 보장과 같은 생명에 필수적인 경제를 보호하기 위해서만 개입하여, 사람들에게 필수품과 소비재 등을 살 수 있는 수단을 제공하고 생명이 시장의 변화에 영향을 받지 않도록 한다.

사람들은 더 이상 고용주와 소비재의 판매를 위해 존재하지 않는다. 모든 사람에게 긴급자금이 무상으로 지원되기 때문에 더 이상 고용주는 이들을 시장 가치로 지배할 수 없다. 사람들은 더 이상 '사고 싶은 것'에 유혹당하지 않으며 생존에 필요한 필수품만을 구매한다.

이처럼 시장 중심의 국가 자본주의가 전염병의 영향 안에서 국가 사회주의로 전환될 가능성이 있다. 이때 국가가 권위주의적으로 변하는 것을 경계한다면 경제와 사회의 핵심 기능을 보호하기 위해 자원을 총동원할 수 있는 강한 국가의 등장을 기대해 볼 수 있다.

상호 원조를 바탕으로 한 보다 큰 사회로의 전환

국가 사회주의와 함께 생명 보호를 경제 원리로 채택하는 두 번째 미래다. 이 시나리오에서 국가는 주도적인 역할을 하지 않는다. 주체는 개인과 지역 사회다. 이들은 자기 삶의 경계 안에서 일어난 위기에 대해 지원과 돌봄을 자원하는, 상당히 성숙하고 새로운 민주적 주체들이다. 상호 원조는 전개되는 위기에 대한 관대하고 즉각적인 사회 반응으로, 지역 사회 지원망을 얼마나 확대할 수 있느냐에 성패가 달렸다. 서아프리카 에볼라 대처에 중심이 되었던 지역 사회의 예를 보더라도 도움을 필요로 하는 대상과 가장 가까이 있고 상황을 잘 아는 지역의 돌봄 프로그램과 관련 단체가 필수적이다.

사회는 느리든 빠르든 늘 변화해 왔다. 팬데믹 상황이 아니더라도 인류의 삶의 방식은 어느 정도 한계점에 다다르고 있었다. 그 위기가 바이러스로 인해 불거져 나올 것이라는 사실을 몰랐을 뿐, 어떤 식으로든 지나치게 경제 중심으로 살아온 방식의 재편이 필요한 건 사실이었다. 그러므로 이제라도 돌봄, 삶, 민주주의를 중시하는 윤리적 가치에 다시 굳게 우리 삶의 뿌리를 내려야만 한다. 또다시 시장 논리를 당연한 듯 받아들이고 생명과 안정된 일상이 이 쳇바퀴에 휘말려 돌아가는 일이 벌어져서는 안 될 것이다.[1]

1

제 2 장

―

코로나 식량 위기,
남의 나라 이야기가 아니다

A Deadlier Pandemic Is Coming

식량 문제를 하늘이나 땅에만 의지하는 시대는 지났다. 코로나 사태를 겪으면서 지구촌의 곡물 수송 환경이 항상 안전할 것이라는 믿음도 깨졌다. 이제 생존을 위한 식량은 다른 누군가가 아닌 나 스스로 해결해야 한다는 사실을 인정해야만 한다.

요즘 같은 시대에 발달된 쇼핑몰과 배달 시스템이 없었으면 어떻게 살았을까 아찔하게 느껴지는 순간이 있다. 팬데믹 상황 속에서 그나마 우리를 일상으로부터 소외되지 않도록 지켜준 것이 이 국제적으로 눈부시게 오가는 쇼핑몰과 배달 시스템이었다.

재일교포 사업가 손정의 회장이 쿠팡에 투자했을 때만 해도 많은 사람들이 '아, 이번은 좀 아닌 거 같아.' 하고 고개를 저었다. 그러나 쿠팡의 미국주식시장 상장으로 손정의 회장은 최소 10조 원을 벌었다고 한다. 그제야 많은 사람들이 손정의 회장의 시대를 앞서가는 혜안에 다시 한 번 감탄했다. 유통 네트워크가 얼마나 중요한가를 알게 하는 뉴스이다.

지금의 기후 문제나 인구 증가, 도시의 집적도 등을 볼 때 앞으로 우리 삶에서 유통은 더욱 중요해질 전망이다. 그런데 이 유통 이슈가 단순히 멋들어진 옷이나 한 끼의 간식을 해결하는 수준이 아니라 식량과 관련된다면 어떻게 될까.

유엔식량농업기구의 농업전망보고서 2018~2027에 의하면, MENA, 즉 중동 및 북아프리카 지역의 총면적 중 5%만이 식량 재배가 가능하다. 나머지 25%는 건조한 사막 지대나 도시 개발 지역으로 농업용수 공급 없이는 농사가 불가능하다. 결국 유럽과 인도에서 곡물을 수입할 수밖에 없는 상황이다.

그런데 코로나로 유럽과 중동행 비행기가 결항되면서 인도의 과일, 채소 수출업체 중 25%가 생산을 줄였다. 그나마 남아 있던 항공료는 평상시보다 2.5배나 올랐다. 그러나 그와 동시에 항공편이 운항될 때도 요금이 2배 반이나 올랐다. 식량 공급은 가격의 안정성이 가장 중요한데, 코로나 상황으로 인해 이들 MENA 지역 국가들은 식량 가격의 폭등과 관련된 중대한 위험에 직면해 있다.

아랍 에미리트 경제부처의 발표에 따르면, 2015년 두바이시는 하루 약 11,000톤의 과일과 채소를 수입했다. 칼리지 타임스[2]에 따르면, 2019년 아랍 에미리트는 전체 식량의 80%를 수입했는데, 이는 심각한 식량 안보의 사인이다. 사우디의 식량 수입도 전체 소요량의 75%에 이른다. 메마른 사막 지역에 위치한 중동 국가는 언제 터질지 모르는 식량 위기 속에 놓여 있고, 코로나 사태 이후 더욱 악화되어 가고 있다.

비단 중동만의 문제가 아니다. 한국에서 2020년 9월에 열린 식량안보세미나에서 이남택 고려대 교수는 한국 식량 위기의 현주소를 적나라하게 공개했다.

한국의 곡물 자급률은 23% 수준으로 OECD 34개 회원국 중 32위인 최하위권이다. 한국은 식량이 부족한 나라다. 이 때문에 한국의 식량 대외 의존도는 매우 높다. 식량과 가축 사육에 필요한 사료 곡물 중 4분의 3을 외국에 의존하고 있고, 쌀을 제외한 옥수수,

---

2   College Times: 애리조나주에 있는 18세부터 34세까지의 젊은 층에 배포되는 지역신문. 12년 전에 창간되었고, 격주로 발행되며, 10만 명 이상의 구독자를 확보하고 있는 젊은 신문.

밀, 대두는 거의 전량을 수입하는 실정이다. 따라서 한국의 식량 안보는 굉장히 위태롭다. 현재 한국의 세계 식량 안보 순위는 30위이며, 세계적 식량 위기가 닥칠 경우 그 어느 나라보다도 더 큰 타격을 입을 가능성이 매우 높다. 최근에는 글로벌 팬데믹 등 다양한 식량 안보 위협 요인으로 인해 돈이 있어도 식량을 구하기 어려운 상황이 전개되고 있다.[3]

한국의 식량난은 어제오늘의 일이 아니다. 나 역시 몇 년 전에 집필한 미래 환경과 농업에 관한 논저 〈솔루션 그린〉[4]에서 심각한 기후 문제와 우리나라 농업 및 식량 자급률에 관한 내용을 다루면서 '만약 장기간 기상 이변으로 바다와 육지, 항공 수송에 몇 달간 문제가 발생한다면 우리나라에 어떤 일이 발생할까?'라는 질문을 던진 적이 있다. 우리가 처한 식량 현실이 너무도 암담해서 던진 이 질문이 불과 10년도 안 되어 내 눈앞에 현실이 되어 나타날 줄은 꿈에도 몰랐다.

한국 농업의 가장 큰 문제는 기후 변화로 인한 농작물 생산량 감소와 농촌 인구의 고령화, 농지 감소다. 더 이상 우리는 우리의 식량 문제를 지금의 농촌에, 그리고 갈수록 줄어드는 땅에만 의존할

---

3 '식량안보세미나—국가비상시 식량안보계획' 2020년 9월 14일. 한국식량안보연구재단 주최.
4 김성일 저.

수는 없는 상황이다.

어디 한국이나 중동뿐인가. 지금 지구촌에서 식량 자급이 가능한 나라는 프랑스와 미국, 호주 등 몇몇 선진국뿐이다. 하지만 이들 나라도 심각해지는 기후 변화 속에서 식량 위기에 대한 위기감이 높아지고 있다.

유엔은 2050년이면 세계 인구가 90억을 넘을 것으로 예상했다. 미국의 생태학자 데이비드 틸만David Tilman은 90억 인구를 먹여 살리려면 10억 헥타르의 농지가 추가로 필요하다는 계산을 내놨다. 10억 헥타르는 미국보다 큰 어마어마한 규모의 면적이다. 이 정도의 농지를 확보하기 위해서 얼마나 많은 생태계 파괴가 일어나야 할지 계산이 불가능할 정도이다. 무엇보다 농업용 비료의 주성분인 질소와 인으로 인한 부영양화가 최소 2.5배나 증가하게 되는데, 전세계의 강과 호수가 오염될 규모다.

그래서 농업을 농촌에서 도시로, 땅에서 빌딩으로 옮겨 오기 시작했다. 그 초기 모형이 식물 공장이었고 그보다 더 진화된 형태가 바로 수직 농업Vertical Farm이다. 식물 공장이 단층 건물 형태라면 수직 농업은 고층 빌딩형 식물 공장이다. 고층 건물의 옥상에 태양광발전 패널과 소형 풍력 터빈을 설치해 건물 자체에 들어가는 에너지를 공급한다. 고층에서는 화훼류, 중간층에서는 채소류, 저층에서는 과일 등을 재배한다.

지상과 근접한 1, 2층에는 식당가를 만들어 수직 농업으로 생산한 농산물을 직접 판매할 수도 있다. 지하층은 증발산 회수 시스템과 정수 시스템을 두고, 건물의 가장 밑바닥에는 지열을 이용하는 난방 시스템을 설치한다. 빌딩이기 때문에 토지 이용은 최소화하고 생산성은 극대화할 수 있다. 땅값이 비싼 대도시나 도심 인근에도 설치가 가능하다. 수직 농업은 농지를 늘리기 위해 우리가 선택할 수 있는 가장 현실적인 대안이자, 인류의 식량 위기를 해결할 수 있는 가장 혁신적인 구상이다.

〈수직 농업The Vertical Farm〉의 저자이자 미국 컬럼비아 대학의 교수인 딕슨 데스포미어Dickson Despommier는 "30층 규모의 빌딩 농장이 5만 명의 식량을 책임질 수 있다."라고 말했다. 당시 사회의 반응은 썰렁했다. 하지만 불과 10여 년 만에 데스포미어 교수의 상상은 현실이 됐다. 뉴욕, 시애틀, 라스베이거스 등 미국 내 대도시에서 수직 농업이 시작됐고, 이에 뒤질세라 일본에서도 대도시에 수직 농업이 확산 추세다. 이외 파리 등 유럽의 대도시와 상하이 등의 아시아 도시도 관심이 지대하다.[5]

5   김성일 저, 〈솔루션 그린〉 중에서 발췌.

이런 추세와 함께 세계 유수의 기업들은 몇 년 전부터 앞다투어 첨단 농업에 과감한 투자를 시작했다. 2017년 소프트뱅크의 손정의 회장은 실리콘밸리 농업 기술 관련 스타트업에 2억 달러를 투자했다. 같은 해 아랍 에미리트의 부통령이자 두바이의 통치자, 그리고 이케아의 소유주인 모하메드 빈 라시드 알 막툼Mohammed bin Rashid Al Maktoum은 에어로팜스에 4,000만 달러를 투자한 것을 비롯해 벌써 농업 분야에 1억 달러 이상을 투자해 왔다. 2018년에는 구글 벤처스가 바워리 팜에 9천만 달러를 투자했고, 영국의 온라인 식료품 소매업체인 오카도는 2,000만 달러 이상의 규모로 실내 농업에 착수해 무성한 나물과 허브를 재배하기 시작했다.

세계에서 가장 활발하게 움직이고 있는 식량 기술 및 농업 기술 벤처기금 중 하나인 아그펀더AgFunder의 최신 보고서에 따르면, 식량 기술과 농업 기술에 관련된 스타트업이 지난 5년 동안 250%나 성장했다고 한다. 그중에서 투자자들이 가장 관심을 보이는 분야가 바로 수직 농업[6]이다.

글로벌시장조사기관인 얼라이마켓 리서치Allied Market Research가 발표한 수직 농업 관련 보고서에 따르면, 2018년 전 세계 수직 농업 시장 규모는 22억 달러였다. 2026년에는 200억 달러에 달해

---

[6] 이에 대해서는 〈솔루션 그린〉(김성일 저, 2012년, 메디치미디어)에서 자세히 언급한 바 있다.

2019년부터 2026년까지 연평균 성장률 24.6%에 이를 것으로 전망된다. 성장 메커니즘에 따라 시장은 수경 재배, 공중 재배, 물고기와 채소를 함께 키우는 아쿠아포닉스 등으로 세분화된다. 수경 부문은 2018년에 거의 40%의 점유율을 보였다.

나는 〈솔루션 그린〉에서 한국의 식량 문제 해결의 가장 접근 가능하고 효율적인 방법으로 수직 농업을 제안한 바 있다.[7] 서울의 경우, 한강 변이나 한강 가운데에 수직 농업을 위한 공간을 건설하면 용지 확보 비용이 들지 않을뿐더러 서울의 새로운 랜드마크로도 활용할 수 있다. 머지않은 미래에 광화문 네거리, 강남대로, 여의도 등에 있는 30층짜리 빌딩에서 수직 농업이 시작될 것이다.

수직 농업을 위해 별도의 건물을 새로 지어야만 하는 것은 아니다. 2,500세대가 거주하는 고층 아파트 단지의 경우, 아파트 한 동을 식물 생산 동으로 지정해 농사를 짓는다면 단지의 주민들이 먹을 채소 정도는 충분히 자급할 수 있다. 고층 아파트 한 동의 수직 농업으로 강진읍 전체 인구에 해당하는 1만 명의 먹을거리를 해결할 수 있다.

하지만 수직 농업은 건물만 있으면 되는 것은 아니다. 다양한 형

---

7 김성일 저, 〈솔루션 그린〉 '제3부. 땅에서 독립한 농업, 도시로 가다' 중에서 발췌.

태의 첨단 기술 연구가 병행되어야 하고 진정한 저탄소 녹색 성장을 추구하는 기술 혁신을 이룰 수 있어야 한다. 수직 농업에 필요한 기술은 단순한 영농 기술을 넘어 환경 제어, 온습도 조절, 기계, 전자, 정보 등 다양한 첨단 기술이 활용된다. 지금 한창 핵분열을 하듯 성장하고 있는 한국의 IT, 바이오 기술, 나노 기술이 융합된 최첨단 수직 농업에 성공한다면, 단순히 식량난을 해결하는 수준을 넘어 엄청난 부가 가치와 성장 동력을 창출하게 될 것이다.

첨단 수직 농업 솔루션에 초점을 맞춘 농업 기술 분야에서 활약 중인 혁신 스타트업 오노 익스포넨셜 팜ONO Exponential Farming[8]의 대표 토머스 암브로시Thomas Ambrosi는 수직 농업을 가리켜 단순한 농장 인프라가 아니라 실제 생태계에 가까운 플랫폼이라고 설명했다. 기계학, 로봇공학, 정보기술IT, 인공지능AI, 머신러닝, 가상현실, 농업 지식 기반 등이 함께 어우러져 누구나 쉽게, 어디에서든, 무엇이든 재배 가능한 기술을 개발해 특허를 획득했다. 이 기술을 이용하면 상추의 경우, 일반 농장의 80배, 다른 수직 농업보다 2배 반이나 많은 양을 재배할 수 있다. 반면 전력은 다른 수직 농업에 비해 70%밖에 사용하지 않는다. 또한 완전 자동화 기술로 사람이나 외부 요인에 의한 오염의 가능성도 제로화했다.

[8]

일부 중동 국가들도 수직 농업 분야에서 약진하고 있다. 아랍 에미리트 두바이에 새롭게 등장할 바디아팜스사의 첨단 수직 농업 Q2-2020은 매일 3,500kg의 고품질 과일과 채소를 생산할 수 있다. 이 정도 규모의 생산으로 주요 수출국으로부터의 과일과 야채 공급 부족을 균형 잡기에 충분할 것인지는 아직 의문이지만, 야심 찬 출발에 기대를 걸어 본다. 농업이 전체 물 소비의 85%를 차지하고 있는 사우디아라비아 역시 물 사용을 최소화하는 수직 농업에 누구보다도 관심이 높다. 또한 물을 적게 소비하는 작물로 식량 품목 대체도 시도하고 있다.

코로나 이후 지구촌의 식량 문제는 한층 심각한 현실이 되었다. 식량 문제를 하늘이나 땅에만 의지하는 시대는 지났다. 코로나 사태를 겪으면서 지구촌의 곡물 수송 환경이 항상 안전할 것이라는 믿음도 깨졌다. 이제 생존을 위한 식량은 다른 누군가가 아닌 나 스스로 해결해야 한다는 사실을 인정해야만 한다. 그러므로 창업자, 연구자, 기술 제공자, 농업 전문가, 혁신가 등과 제휴하여 자급이 가능한 식량 생태계를 구축하는 것이 해답이다.

제3장

|

뉴욕의 부활과
도시의 미래

A Deadlier Pandemic Is Coming

뉴욕은 모든 도시들의 전설이다. 2016년 통계에 의하면, 인구 200 만 이상인 도시에 사는 인구는 전체 인구의 5분의 1밖에 되지 않 는다. 그런데 그중 가장 큰 300개 대도시에 사는 이들이 세계 GDP 의 절반과 그 GDP 성장의 3분의 2를 만들어 내고 있다. 그리고 그 모든 도시의 맨 꼭대기에 뉴욕이 있다. 1,800조라는 경이적인 GDP를 만들어 내는 이 도시에는 세계적인 회사들이 밀집해 있다.

뉴욕만큼 20세기 도시의 매력을 더 잘 보여 주는 곳은 없다. 1920년대를 지나면서 그때까지 세계 최고의 도시였던 런던의 권 위를 넘어선 이후, 100년간 뉴욕의 파워는 흔들린 적이 없다. 뉴욕 의 심장은 맨해튼이다. 서울 면적의 7분의 1밖에 안 되는 작은 섬에 160만 명이 살고 있다. 서울의 인구 집적도에 비하면 아무것도 아닌 것 같지만, 이 인구만 해도 맨해튼이 꽉 찰 정도다.

그런데 매일 아침 평균 300만 명의 인구가 밀려 들어와서 하루 종일 북적거리다가 저녁이면 파도가 밀려 나가듯 다리를 건너 사라진다. 하루에 맨해튼에 있는 인구가 평균 400만 명은 족히 넘는다는 얘기다. 게다가 그들 중 상당수가 세계 정치·경제를 이끌어 가는 사람들이라는 점을 생각하면 놀랍다. 뉴욕에서 하루에 만들어 낸 생산성이 다른 어느 곳, 어느 나라에서는 몇 달이 걸릴 수도 있고, 심지어 몇 년이 걸려도 불가능한 곳도 있다. 마치 힘차게 박동하는 심장처럼 세계 경제를 순환시켜 왔다.

그런데 이 심장의 박동이 멈췄다. 지난 3월, 앤드류 쿠오모Andrew Cuomo 뉴욕 주지사가 봉쇄 정책을 선포했다. 뉴욕의 봉쇄는 국내외적으로 엄청난 영향을 미쳤다. 뉴욕의 상징인 타임스퀘어 광장이 텅 비었고, 박물관과 극장, 식당은 문을 닫았다. 뉴욕의 밀도는 다시 살아 돌아올 수 있을까.

맨해튼 직장인의 3분의 1을 차지하는 세계적인 금융서비스 회사인 바클레이스, JP모건 체이스, 모건 스탠리 은행은 맨해튼에만 2만여 명의 근로자를 고용하며 엄청난 사무실 공간을 차지하고 있다. 하지만 이들은 사람들이 출근하지 않아도 얼마든지 금융서비스를 제공하며 사업할 수 있다는 것을 입증했지만, 그것이 회사를 뉴욕이 아닌 다른 곳으로 옮겨야 한다거나 사무실이 없어도 된다는 이야기는 아니라고 말했다.

코로나로 인한 팬데믹 이후에 세계 도시 인구의 변화를 예측하는 보고서는 아직 나오지 않았다. 아마도 힘찬 도시 인구 증가를 예측했던 보고들이 조금은 바뀔 수밖에 없을 것이다. 그럼에도 불구하고 인류는 도시를 계속 발전시킬 것이라는 사실에 나는 동의한다. '세계 도시 인구 추세 보고서'에 따르면, 1950년 지구의 농촌 인구는 도시 인구의 2배였다. 그런데 100년 후인 2050년에는 도시 인구가 농촌 인구의 2배가 될 것이다. 한국의 도시화 비율도 1950년에 21.4%였지만, 2050년에는 90%를 넘을 것으로 예측하고 있다. 세계 평균에 비하면 급격한 변화지만 우리의 경쟁 국가인 덴마크, 호주, 프랑스 등의 도시화 비율보다는 오히려 낮은 수준이다.

이처럼 도시가 성장해 온 이유는 필연적인 효율성 때문이다. 대형 도시와 도시 밀집 수준은 사회의 기술 혁신을 좌우한다. '지적 혁신은 대륙이나 대양을 가로지르는 게 아니라 복도나 길거리에서 이루어진다.'라는 말처럼, 산업 부문이나 회사들이 공간적으로 가까울수록 기술 혁신이 쉬워진다. 혁신은 새로운 일자리를 만들어 사람들을 끌어모은다. 그 과정에서 도시 집적화는 더욱 확산된다.

도시가 발달할수록 각 개인의 생산성도 높아진다는 연구 결과도 나왔다. 하버드 대학의 경제학자 에드워드 글레이저Edward Glaeser는 도시 밀도가 노동자들의 생산성을 높이고 탄소 발자국을 최소화한다는 것을 보여 주었다. 그만큼 더 생산성이 높다는 뜻이다. 미국의 경우, 대도시의 생산성이 소도시보다 50% 더 높다. 교육 수준, 경력, 종사하는 분야가 같은 사람들 사이에서 비교했을 때의 수치다. 다른 나라도 마찬가지다. 심지어 경제적으로 어려운 사람일수록 도시 생활의 이점이 더 많다.[9]

그러나 사람들은 오래전부터 도시에 대해 부정적인 생각을 갖고 있다. 특히 도시화와 함께 가장 예민하게 대두되는 이슈가 환경문제다. 그러나 도시는 안전한 생존과 발전을 위해 치열하게 환경 관련 혁신도 이루어 왔다. 예를 들면, 도시화는 일반적으로 온난화 가스 발생을 증대시키지만, 고밀도화가 진행되면 상황이 역전되는 경향을 보인다. 일본 도쿄와 캐나다 도시를 비교하면, 도쿄의 도시 밀도가 캐나다의 도시에 비해 5배나 높지만, 일인당 전력 소비에

---

9 실제로 시골에는 노숙자가 거의 없다. 노숙자들은 예외 없이 도시를 배회한다. 그나마 도시의 시스템이 인간 생존에 도움이 되기 때문이다.

선 도쿄가 캐나다 도시의 40%에 불과하다. 덴마크도 핀란드보다 도시 밀도가 4배 높은 데 반해 전력 소비는 40% 수준이다. 도시 인구 밀도에 따라 전력 소비가 현저하게 감소하는 것을 알 수 있다.

이런 효율성은 도시에서 생산한 혁신 관련 데이터에서도 알 수 있는데, 2007년 미국 시카고 대학의 자연생태학 교수이자 만수에 이토 도시혁신연구소Mansueto Institute for Urban Innovation의 소장인 루이스 베텐코트Luís M. A. Bettencourt[10] 박사가 발표한 OECD 자료에 따르면, 2004년~2006년 녹색 성장과 관련된 새로운 특허 출원이 대도시에서 106개, 소도시에서 30개가량 나온 반면에 농촌에서는 10개에 그쳤다. 환경과 생태에 관한 연구와 혁신 역시 도시 밀집도가 커질수록 활발하게 이루어진다는 증거다.

물론 지금은 상황이 다르다. 1년 넘게 코로나로 인한 팬데믹이 계속되고 있는 가운데 직장인들이 집으로 돌아간 지 몇 달째가 됐다. 도심의 사무실은 텅텅 비어서 이대로 도시가 사라지는 것은 아닐까 하는 우려의 목소리도 높다. 하지만 도시는 의외로 생명력이 대단하다. 이 사실은 이미 역사를 통해 입증된 바 있다. 미국 컬럼비아 대학교의 두 경제학자 도널드 데이비스Donald Davis와 데이비드

10

와인스타인David Weinstein은 2002년 12월에 발표한 그들의 연구 논문[11]을 통해서 "2차 세계 대전 당시 폭격당한 일본 도시를 살펴본 결과, 일시적 충격이 아무리 가공할 규모라고 해도 경제의 공간 구조에 장기적 영향은 거의 없는 것으로 보인다."라고 밝혔다. 나가사키의 인구 증가가 미국이 원자 폭탄을 투하하기 전까지의 선으로 돌아가기까지는 20년이면 충분했다.

이 사실은 뉴욕에서도 여러 차례 입증됐다. 2001년 911사건으로 인해 뉴욕은 최소 한국의 한 해 국가 예산의 2배쯤 되는 1천조 규모의 인명과 재산의 피해를 입었다. 그런데 불과 6년 뒤 고용률은 완전히 회복되었고, 상주인구는 2배 이상 늘었다. 그 이듬해인 2008년 리먼 브라더스에 의한 금융 위기가 다시 뉴욕을 덮쳤지만, 뉴욕은 건재했고 2012년 허리케인 샌디에 의한 190억 달러의 피해도 눈 깜짝할 사이에 회복됐다. 그 이후 지구상에서 가장 비싸다는 맨해튼 해안가의 집들은 값이 70%나 더 뛰었다.

1960년대 흑인 폭동의 여파는 상당히 오래갔다. 그것은 외부나 일부 경제권에서 시작된 위기가 아니라 사회의 가장 깊은 뿌리를 이루고 있는 노동 계층에서 터진 위기였기에 사회적인 여파가

---

11 도널드 데이비스, 데이비드 와인스타인 공동 연구(미국 컬럼비아 대학교) 'Bones, Bombs, and Break Points: The Geography of Economic Activity' 논문 중에서. 2002년 12월.

강했다. 하지만 이 오랜 갈등에도 불구하고 뉴욕은 2001년의 위기를 비롯해 그 이후 몇 년 주기로 반복되는 위기를 잘 넘겨 왔다.

물론 외부에 의해 강제적으로 1년 가까이 박동을 완전히 멈추거나 거의 멈춘 상태를 유지해야 했던 거대한 도시들이 다시 가동되기까지는 상당한 혼선이 있을 것이다. 무엇보다 팬데믹과 사회적 거리두기를 경험한 사람들이 대중교통에 다시 다가가는 데에는 시간이 걸릴 것이다. 맨해튼 연구소Manhattan Institute의 도시경제학자 니콜 겔리나스Nicole Gelinas[12]는 "사회적 거리두기가 시행되는 동안 뉴욕 시민들은 지하철보다는 버스를 더 많이 이용했다."라고 분석하면서 가장 많은 사람들이 이용하던 대중교통에 대한 불안감이 다시 일상으로 돌아가려고 하는 뉴욕의 발목을 잡을 것이라고 말했다.[13] 또한 '뉴욕의 대중교통 1%만 축소해도 자동차 이용자가 최소 12% 늘어날 것'이라고 우려했는데, 이런 상황에 대해 뉴욕시의원 코리 존슨Corey Johnson 대변인은 '카마게돈Carmageddon[14]이 될 것'이라며 같은 입장을 표명했다.

[12]

[13]

[14] 성경에 등장하는 지옥을 뜻하는 '아마겟돈'에 비유한 표현. 차로 인해 지옥이 될 것이라는 뜻.

문제는 여기서 끝나지 않을 것이다. 이제 막 적응한, 달콤한 재택근무로부터 다시 출퇴근 지옥으로 돌아오는 데에는 고민도 많을 것이다. 그러나 인류는 오랜 시간을 거쳐 도시라는 인간만의 특수한 생태계를 형성하고 환경에 적응하며 번성해 왔다. 도시화가 부정적이라는 통념을 이제 그만 버려야 할 때가 왔다. 비록 코로나와 같은 팬데믹 상황 안에서는 도시가 더 감염 위험이 높고 불안감도 있지만, 그것을 훨씬 뛰어넘는 집적화된 시스템이 있다. 게다가 기술 혁신은 물론 환경 보전조차도 도시가 아니고는 불가능하다. 이 토대 위에서 미래 지향적인 농업 또한 도시를 기반으로 성장시켜 가야 한다. 이런 필연적인 이유들로 인해 뉴욕을 비롯한 대도시의 부활은 그리 오래 걸리지 않을 것이다.

제4장

|

팬데믹의 흔적,
도시 계획으로 극복하라

A Deadlier Pandemic Is Coming

영국 템스강의 명물 중의 하나인 약 2킬로미터 길이의 빅토리아 제방Victoria Embankment은 오늘날 많은 사람들이 생각하듯 고상한 문명의 산물이 아니다. 이 제방은 1850년대 초 1만 명 이상의 목숨을 앗아간 런던 콜레라를 비롯한 팬데믹의 산물이다. 긴급한 위생 정비를 위해 폐수를 안전하게 강 하류로 흘려보내고 식자재로부터 멀리 떨어뜨리기 위해 런던시는 새로운 하수도 시설이 필요했고, 토목공학가 조셉 바잘겟Joseph Bazalgette은 놀라운 공법으로 런던 시민의 목숨이 걸린 새로운 하수도 시설을 완성시켰다.

BC 430년의 아테네 역병에서부터 중세 시대의 페스트, 그리고 최근 사하라 사막 남쪽에서 퍼지고 있는 에볼라에 이르기까지 전염병은 역사적으로 도시의 구조에 반드시 흔적을 남겼다. 그리고 21세기의 팬데믹을 가져온 코로나바이러스 역시 빠른 속도로 도시를 변화시키고 있다.

가장 큰 변화는 모든 대도시에서 본능처럼 추구해 오던 엄청난 밀도에서 시작되고 있다. 사람에게 가장 위험한 존재가 사람이 되어 버린 팬데믹 상황이 계속되는 한, 더 이상 다닥다닥 붙어 살 수 없다. 공기 순환이 잘되지 않는 지하 바에서 사람들의 뜨거운 입김과 땀 냄새를 맡으며 춤을 추거나 술을 마시는 주말의 저녁 풍경은 다시는 재연되지 않을 전망이다. 그러나 도시의 밀도는 성장의 가능성과 에너지 사용의 효율을 의미하기 때문에 당분간 도시 인구의 밀도는 유지하면서 개인과 개인 사이의 안전한 거리를 확보하는 새로운 건축을 기대하고 있다.

도시 계획에 결정적인 영향을 미치는 요인은 크게 두 가지다. 하나는 지배적인 문화 기술이고, 또 하나는 심히 중대한 위기 상황이다. 19세기의 콜레라 전염병은 도시의 현대적인 위생 시스템 도입의 기폭제가 됐다. 전염병 확산의 온상이었던 유럽의 빈민 주택가에 빛과 공기에 대한 주택 규제를 도입하게 한 것도 전염병이었다.

코로나 확산은 이미 도시를 변화시키고 있다. 사람들의 이동에 따른 소음으로 시끄러웠던 도시에 더 이상 소리가 들리지 않았다. 인구 이동은 완전히 감소했고, 재택근무가 뉴노멀이 되었다. 이러한 변화들은 앞으로의 도시가 어떻게 설계되어야 할지 생각하게 하는데, 최근 미국의 세계자원연구소World Resources Institute에서 발간하는 도시생태 전문지 〈시티픽스The Cityfix〉는 이에 대해 크게 다섯 가지의 방법을 제시했다.[15]

도시만의 핵심 서비스에 집중하라

이번 팬데믹 상황에서 가장 의문시된 것이 바로 '지나치게 밀접하게 연결된 도시의 밀도'였다. 이렇게까지 밀착해야 하는지에 대한 근본적인 질문이었다. 하지만 밀도는 도시의 정체성이자 에너지다. 도시가 정치·사회·경제적인 실세로 군림하는 이유가 바로 이 밀도 때문이다.

사실, 밀도는 효과적인 도시 서비스 제공의 전제 조건이며, 이 밀도가 바로 도시의 안전과도 직결된다. 사실, 이번에 국내외적으로 집단 지역 감염이 일어난 곳은 이런 도시만의 서비스가 미흡한 곳이 대부분이었다. 그러므로 만일 도시가 서비스의 밀도를 더욱 높인다면 팬데믹 상황까지는 가지 않았을 가능성도 배제할 수 없

15

고, 최소한 지금보다는 더 안전할 수 있다는 사실이 입증되었다.

도시 속 저렴한 주거 및 공공 공간을 확대하라

앞으로의 도시 설계에서 가장 중요한 것은 적정 가격의 주택과 최적의 공공 공간을 확보하는 것이다. 여기에 투자하지 않으면 도시는 팬데믹의 가장 비참한 희생양이 될 것이다. 사회주의적 성향이 강한 나라일수록 불필요한 사회적 거리두기로 사람들을 통제하기 좋아한다는 점을 기억해야 한다. 그것이 일시적으로 정치적 측면에서는 쉬울지 몰라도 많은 사람들의 미래를 위한 바람직한 대책은 아니다. 임시방편은 말 그대로 임시적이어야 한다. 거의 1년 가까이 많은 사람들이 불편을 참은 만큼, 저렴한 주택과 쾌적한 공공 공간을 마련하는 등, 지속적인 공간의 개선에 힘써야 한다.

공간적인 면에서 가장 취약한 곳은 아프리카, 인도, 동남아시아 순이다. 이들 지역은 다음 세대들이 살아갈 안전한 도시를 설계하는 것이 당면 과제로 떠올랐다. 2050년까지 사람들은 계속해서 도시로 몰려들 것이고, 이 줄기찬 인구 이동의 90%가 아프리카와 아시아 지역에서 일어날 것이다. 코로나로 인한 팬데믹은 인류가 앞으로 살아가야 할 도시의 모습을 재정비해야 한다는 경고를 던졌다.

녹지 공간의 접근성과 수자원 관리의 안정성을 높여라

팬데믹 기간 동안 사람들의 출입이 급증한 몇 안 되는 곳이 바로 도시공원이다. 사회적 거리두기로 인해 멀리 있는 산간 지역이나 자연이 있는 곳에 가는 것조차도 어려웠던 시기에 도심에 있는 녹지 공간은 도시인들의 숨통을 틔워 주는 천국이었다. 앞으로의 도시 설계에 도시공원 확대는 필수 요인이다. 이와 함께 수자원 관리를 더욱 철저하게 해야 한다. 홍수는 수많은 유행병과 질병을 몰고 온다. 도시 안에 접근성이 좋은 넓은 공간은 비상시에 도시가 대민 서비스를 하거나 대피를 해야 할 때 결정적인 도움이 될 것이다.

도시와 지방을 유기적으로 연결하라

도시에서 시작된 감염은 이내 지역 감염으로 확산됐다. 팬데믹으로 도시의 경제 활동이 불가능해지고 사람들이 집으로 돌아가면서 도시에 공급되던 지방의 생산 라인도 더 이상 돌아갈 수 없게 되었다. 지역과 도시는 유기적으로 연결되어 있다. 그러므로 향후 도시 계획에서 주변 지역 역시 도시의 일부로 보는 데서 출발해야 한다. 도시와 지역이 상호 유기적인 관계를 통해서 경제, 에너지 공급, 교통망, 식량 공급 등을 탄력적으로 운영할 수 있는 도시 계획이 이루어져야 한다.

국가 단위가 아닌 도시 단위의 데이터 시스템을 구축하라

팬데믹 상황이 되면 특히 모든 통제권이 중앙 정부로 모인다. 하지만 같은 전염병이라도 나라마다 도시마다 차이를 보인다. 그럼에도 불구하고 모든 도시가 정부에서 통제하는 데이터와 정보에 의존해서 움직이는 과정에서 지역별로 많은 시행착오가 일어나고 있다. 우선 시간차가 많다. 도시는 전염병에 완전히 노출된 현장이다. 경제와 구성원들이 전쟁을 치르고 있는데 관련된 조치는 이미 며칠 전에 일어난 일들을 바탕으로 마련된 가이드라인에 따라서 이루어진다. 더구나 도시별 인구 구조, 자연환경, 교통망과 주요 산업 등 삶의 문화와 방식에서 분명히 차이가 있음에도 동일한 가이드라인을 지켜야만 한다.

더구나 앞으로 도시는 더욱더 그 집적도가 높아지면서 도시와 도시 사이에는 전혀 다른 정서와 문화가 형성되기 때문에 중앙 정부가 이 다양성을 모두 반영해서 각 도시에 맞는 조치를 하는 것은 점점 더 어려워질 것이다. 최악은 정부가 어떤 통일된 가이드라인을 제시하고 이를 강력하게 시행하기 위해 행정 조치를 시행할 경우, 도시별 편차가 생기면서 의도하지 않게 '중앙 정부에 도시 단위의 행정 민원'이 발생할 소지가 높다는 것이다. 그러므로 이 위기를 기회로 삼아 도시 단위로 즉각적이고 실제적인 대응을 할 수 있도록 도시 단위의 데이터 시스템을 갖추어야 한다.

제5장

한국의 안전한
미래 도시 건설을 위하여

A Deadlier Pandemic Is Coming

역사적으로 전염병에 잘 대응한 도시는 이후 세계를 주도하곤 했다. 18세기 파리가 유럽의 중심이 될 수 있었던 것도 장티푸스와 콜레라를 도시 건축으로 해결했기 때문이다. 최근 한국의 주요 도시가 다른 어떤 나라의 도시보다 안전하다는 국제적인 인식이 확산되고 있다. 게다가 서울의 물류 인프라는 동북아 최고이고 인공지능, IOT가 결합된 혁신 스마트 시스템도 국제적 수준이다. 만일 한국이 도시의 전염병에 잘 대처하는 공간 구조와 시스템을 갖출수 있다면, 코로나 이후의 세계에서 상당한 영향력을 발휘할 수 있게 된다는 이야기다.

영국 등 유럽의 대도시에 사는 중산층은 이미 원격 근무를 전제로 도시를 떠나 시골로 이주하여 부동산 비용을 절약하면서 삶의 질을 높이는 선택을 시작했다. 한국에서도 이참에 지역 감염의 위험이 높은 대도시의 삶을 정리하고 상대적으로 전염병으로부터 안전한 지방으로 나가는 이들이 늘고 있다. 부동산 정책의 여파도 있지만, 1년이 넘게 계속되는 팬데믹의 영향도 분명하다.[16]

하지만 도시집적화clustering는 사회적, 환경적 그리고 산업적으로 엄청난 매력을 갖고 있다. 과거에는 도시화에 따른 여러 가지 부작용에 대한 강한 반감으로 인해 이에 대한 비판과 방어 기제에 대한 이야기들이 주를 이루었다면 최근에는 이런 부분적인 단점을 극복하면서 어떻게 하면 많은 기업들이 되도록 가까운 거리에 있으면서 효율적으로 기술의 혁신, 삶의 혁신을 이루어 갈 것인가에 대해서 좀 더 적극적으로 검토하고 길을 찾아가는 추세다.

비록 코로나로 인한 팬데믹으로 잠정적으로 도시의 활동이 둔화되었지만, 나는 도시에 대해 여전히 긍정적이다. 사람들은 도시를 사랑한다. 단순히 사람들과 어울려서 살아가는 도시의 활기가 좋아서만은 아니다. 그래서 몇 시간 전 감염자가 다녀갔다는 뉴스가 계속되는 와중에도 사람들은 여전히 포차와 홍대 앞 카페에 모여 북적거린다.

16

아마도 사람들은 백신 개발과 함께 다시 도시로 몰려들어, 이전보다 더 눈부신 창의력과 생산 효율성으로 도시를 더욱 안전하고 환경적인 곳으로 발전시켜 나갈 것이다. 단, 앞으로 다양한 형태의 재택근무가 보편화될 추세이기 때문에 어떤 식으로 이전과 같은 집적화와 창의력, 생산 효율성을 유지하고 관련된 문제들을 극복하느냐가 관건이 될 것이다.

이런 자체 데이터를 충분히 활용하며 감염 확산과 구성원의 심리 안정에 성공한 대표적인 도시 공동체가 바로 한국이다. 이번 팬데믹 상황 속에서 한국의 일관성 있고 지속적인 검사 유도와 신속하고 투명한 정보 공유는 'K-방역'이라고 불리며 세계의 주목을 받았다.[17] 한국은 자가 격리자에게 의료진과 연결되는 자가 진단 앱을 제공하는 한편 질병 확산 과정에 대한 실시간 정보를 전 국민을 상대로 제공했다. 대학생이 만들긴 했으나 정부 자료로 가득 채워진 쌍방대화형 지도interactive map는 감염된 사람들이 방문한 장소와 그들의 인구학적 특성을 사람들에게 제공했다. 또한 경기도 고양시는 의료진과 방문객의 접점이 없는 편리한 드라이브스루 테스트를 시행했다. 서울을 비롯한 다른 몇몇 도시들도 이와 비슷한 방식으로 시민들의 적극적인 검사 참여를 유도했다.

17

이런 신속하고 투명한 정보 공유 시스템과 엄격하고 일관성 있는 검사 참여 유도 조치로 인해 한국인들은 대규모 집단 감염으로 시작된 지역 감염의 충격 속에서도 별다른 소요가 발생하지 않았다. 실제로 한 외신은, 한국의 최초 집단 감염으로 패닉 상태에 빠진 대구 시민들조차 '사재기'를 하지 않는 가운데 조용히 정부와 시의 지침에 따라 행동하는 것을 보고 선진국의 사재기와 비교하는 기사를 써서 화제가 된 적이 있다. 한국의 데이터 집약적인 대응에서 힌트를 얻어, 도시는 포괄적인 지역 사회 기반 데이터 시스템을 마련해야 한다는 것이 전문가들의 의견이다.

코로나 2차 유행이 다시 시작된 2020년 9월 무렵, 국내에서도 도시에 대한 불안감이 더욱 높아졌다. '대도시는 끝났다. 도시는 해체될 것이다.'라는 무시무시한 이야기가 나오고 있는 가운데 앞으로의 삶의 공간에 대한 심각한 고민이 시작되었다. 하루에 뉴욕에 내리는 비행기가 3천 대 전후이고, 연간 6천만 명이 뉴욕을 찾는다. 바이러스가 확산하는 데 더없이 완벽한 조건이다. 실제로 뉴욕의 코로나 확산은 지하철역에 가까운 동네에서 시작됐다. 촘촘한 대중교통은 역설적으로 뉴욕을 전염병에 가장 취약한 도시로 만들었다. 뉴욕은 대중교통을 봉쇄했다. 서울도 인구가 천만이 넘는 대도시다. 하지만 서울은 지난 몇 개월간 대중교통의 봉쇄는 없었다. 한국인들은 전 세계를 공포로 몰아넣은 팬데믹의 상황 속에서도 믿을 수 없을 만치 다른 사람을 배려하면서 인내하는 높은 민도를 보였다.

그런데 도시의 역사를 보면 항상 전염병에 잘 대응하는 도시가 이후의 세계를 주도하는 힘을 얻곤 했다. 18세기 파리가 유럽의 중심이 될 수 있었던 것은 장티푸스와 콜레라를 도시 건축으로 해결했기 때문이다. 당시 유럽의 부유층들이 모두 감염으로부터 안전한 파리로 몰려들었다. 그들이 가져온 그림과 함께 온 예술가들이 파리에 정착하면서 파리는 유럽 문화 예술의 중심지가 됐다.

최근 한국의 주요 도시도 세계의 주목을 받고 있다. 서울이나 한국의 도시에 있는 것이 다른 어떤 나라에 있는 것보다 안전하다고 느끼는 외국인들이 많고 이것은 국제적인 인식이다. 게다가 서울의 디지털 인프라는 이미 국제적인 수준이다. 온라인은 작은 섬나라인 싱가포르 다음으로 빠르다. 물류 인프라는 동북아 최고이고 인공지능, IOT가 결합된 혁신 스마트 시스템은 초기 K-방역 과정을 통해 국제적 인정을 받았다. 만일 우리나라가 도시의 전염병에 잘 대처하는 공간 구조와 시스템을 갖출 수 있다면, 코로나 이후의 세계에서 상당한 영향력을 발휘할 수 있게 된다는 이야기다.

전염병에 강한 도시가 되기 위해서는 다핵화 구조를 갖춰야 한다. 홍익 대학교 건축가 유현준 교수는 도심에 모든 편의시설이 모여 있는 지금의 구조를 벗어나 지역별로 사람들이 일상에 필요한 모든 것을 해결할 수 있는 지역 단위의 도시 설계가 요구된다고 조언한다. 이른바 '슬세권', 즉 슬리퍼를 신고 나갈 수 있는 거리 설계다. 도시의 생명인 밀도를 유지하면서 동시에 적당한 사회적 거리두기 도시의 밀도를 유지하는 방법이다.[18] 나는 여기에 덧붙여 작은 도시공원을 적극 추천한다. 말하자면 모든 칸을 다 채우는 게 아니라 빈 공간을 의도적으로 만들어 밀도가 높은 도시에 완충 지역을 만드는 것이다.

두 번째로 통합적인 도시의 디지털화이다. 미국 대도시의 큰 백화점들은 차례로 문을 닫고, 한편에선 아마존과 같은 디지털 플랫폼이 눈부시게 성장하고 있다. 물류는 오프라인에서 온라인으로 대대적인 물갈이 중이다. 한국에서도 이제 머지않아 도시의 중심을 차지하고 있던 대형 마트와 건물들은 사람들이 안전하게 활보하고 쉴 수 있는 공간으로 공유하라는 거센 요구에 부딪히게 될 것이다. 단순히 물건을 파는 공간이 아닌 밀도 높은 도시의 빈 공간으로 사람들이 쉬어 가게 만드는 공간으로 거듭나야 한다. 동시에 발 빠르게 '슬세권'으로 이동해 가거나 온라인 플랫폼의 접근성을 높이게 될 것이다. 도시의 스카이라인을 형성하는 건물의 변화는

---

18 tvN 〈미래수업〉 중에서.

도시에 큰 영향을 미치게 된다. 같은 건물이라도 어떤 목적을 위해 존재하는지가 그 도시를 변화시키기 때문이다. 이런 고민들을 통해 서울이 진정한 세계인의 도시가 될 수 있을지 기대가 된다.

인류에게 도시는 더 이상 선택할 수 있는 공간이 아니다. 이번 팬데믹을 통해 농촌을 비롯한 다양한 형태의 지역들이 도시의 영향력으로부터 자유로울 수 없음을 확인했다. 잘 만들어진 도시의 밀도는 많은 사람들을 편리하게 또한 안전하게 만든다. 그러므로 미래의 도시는 더욱 큰 탄력성이 요구된다. 인프라 투자의 최전방이자 어디든 접근 가능한 도시공원이 있는 곳, 그리고 주변의 지역과 긴밀하게 연결되어 언제든 상호 보완의 기능이 작동할 수 있도록 우리의 도시를 더욱 진화시켜야 한다. 그것이 미래에 다가올 팬데믹에 인류의 소중한 생명을 보호할 수 있는 길이다.

4

기후 팬데믹을
대비하라
: 탄소 제로

Attacks of Virus and Carbon
A Deadlier Pandemic Is Coming

제 1 장

탄소 배출 줄었지만
환경 재난 수위는 여전히 '위험'

A Deadlier Pandemic Is Coming

"탄소를 없애는 방법은 없나요?"라고 묻는다면, 나의 대답은 "없다."이다. 놀랍게도 탄소의 평균 수명은 기본이 수백 년이다. 한 번 발생한 탄소는 수백 년 동안 사라지지 않는다. 그러므로 만들지 않는 것이 최선이다.

2020년 여름에 '한국에 있었으면 좋았을걸.' 하는 생각을 한 적이 있다. 서울에 있는 지인들에 의하면, 팬데믹만 빼면 지난여름이 역대 최고의 여름 날씨였다고 한다. 깨끗한 공기와 예년보다 다소 시원한 여름이었다. 방역을 얼마나 열심히 했는지 모기도 사라졌다. 지인들은 매년 지난여름처럼 보낼 수만 있다면 좋겠다고 했지만, 아마도 그 희망은 희망으로만 끝날 확률이 높다.

지구의 수온은 지금 이 순간에도 계속 올라가고 있다. 지구 온난화는 전 지구적 현상이지만, 지역적으로는 큰 편차가 있다. 세계기상기구World Meteorological Organization, WMO에 따르면, 지구의 평균 기온은 20세기 이전에 비해 약 1.1도 올랐다. 그런데 한국의 평균 기온이 1.1배가 되는 데에는 50년밖에 걸리지 않았다. 지구의 평균 기온 상승의 2배 속도로 뜨거워지고 있는 것이다.

기후 온난화는 어제오늘의 일이 아니다. 가장 효과적이고 직접적인 대책은 탄소 배출을 줄이는 것인데, 팬데믹 와중에 반가운 소식이 들려왔다. 국제환경기구International Energy Agency, IEA는 2020년 에너지 관련 이산화탄소 배출량이 역대 최고 규모로 감소할 것이라는 관측을 내놓았다.[1]

다양한 환경 데이터를 바탕으로 한 예측 연구를 담당했던 IEA 로라 코찌Laura Cozzi 박사팀은 올 한 해 탄소 배출은 전년 대비 8%까지 줄어들어 2010년 수준으로 떨어질 것이라고 발표했다. 탄소 배출 감소량은 2.6기가톤GT으로 2008년 미국발 금융 위기로 전 세계의 경기가 위축되었던 당시에 감소한 0.4기가톤의 6배가 넘고 심지어 제2차 세계 대전 직후에 감소했던 탄소 배출량보다 갑절

---

[1] Global Energy Review 2020 'The impacts of the COVID-19 crisis on global energy demand and CO_2 emissions', 2020년 4월.

이나 줄어들었다. 이래서 미생물이 핵무기보다 더 무섭다는 말이 나오는 것 같다.

무엇보다 2007년의 파리 협정을 통해서 2070년까지 달성하고자 하는 탄소 제로 연간 목표의 몇 년 분량과 맞먹는 규모여서 환경 관계자들을 기쁘게 했다. 국제 사회는 2007년 파리 협정을 통해 지구의 기온 상승의 마지노선을 산업혁명 이전의 지구 온도보다 1.5도 이내로 정했다. 그리고 이 목표를 달성하기 위해 대기로 방출되는 이산화탄소의 양이 숲, 바다, 다른 탄소를 없애 주는 양과 같아질 때까지 탄소 배출량을 줄이기 위해 국제적인 연대를 형성해 왔다. 하지만 여전히 인류는 빠른 속도로 산업화, 도시화를 계속해 가고 있어서 탄소 배출을 전년 대비 1% 정도 줄이는 데에도 많은 노력과 상호 협력, 감시가 필요하다. 그런데 한 해에 단번에 7.7%나 탄소 배출이 줄었다는 것은 거의 기적에 가까운 일이다.

그리고 우리는 보지 말아야 할 것들을 보고야 말았다. 사람의 발이 묶인 지구촌 곳곳에서 찬란하게 회복되는 자연의 아름다움을 목격한 것이다. 이탈리아의 오염된 도심천이 맑아지면서 물고기들이 돌아오고 매연의 천국이었던 인도 캘커타에서 200킬로 이상 멀리 있는 에베레스트의 수려한 산봉우리가 마치 바로 몇 킬로미터 밖에 있는 것처럼 가까이, 선명하게 보였다. 중국의 미세먼지로

맑을 날이 없었던 한국의 하늘은 끝없이 푸르렀고 공기는 마스크를 쓰고 다니기가 억울할 만큼 깨끗했다. 그래서 많은 사람들이 '인류가 팬데믹의 공포와 싸우고 있는 동안 인류의 오랜 숙원 과제였던 지구 온난화는 상당 부분 해결되는 게 아닐까' 하고 기대했다.

하지만 탄소가 이대로 계속해서 줄어들지는 않을 것이다. 영국 이스트 앵글리아 대학교의 기후학자인 코린 르 퀘레Corinne Le Quéré 교수팀은 세계 인구의 85%를 차지하고 세계 탄소 배출량의 97%를 차지하는 69개 나라와 미국 전체 그리고 중국 내 30개 지역을 중심으로 한 탄소 배출 변화를 조사해서 〈Nature Climate Change〉 잡지에 발표했다.[2]

이 조사에 따르면, 현재 지구상의 탄소는 각 나라에서 전력 생산 과정에서 44.3%, 산업 분야에서 22.4%를 배출한다. 이들 에너지원이 대부분 석탄, 즉 화석 연료를 쓰기 때문에 '화석 연료가 지구 온난화의 주범'이라는 말을 자주 한다. 그 다음이 교통으로 20.6%이고, 그 뒤로 공공건물 및 가정 5.6%, 항공이 2.8%를 차지한다. 팬데믹 이후 전력 사용은 겨우 15% 줄었고, 산업은 35%, 교통은 50%가 줄었다. 주거지는 5%, 공공건물과 유통 부문은 15%, 가장

2

타격을 받은 항공 운항이 70% 감소했지만 탄소 배출에 미친 영향은 미미하다.

게다가 갑작스러운 금융 위기나 일시적인 재난으로 인한 탄소 배출 감소는 시간이 지남에 따라 몇 배의 상승폭으로 되돌아왔다. 2008년 글로벌 금융 위기 때에도 같은 현상이 일어났다. 경기 침체로 잠시 떨어졌던 탄소 배출은 그 이후 계속된 경기 부양으로 인한 지출이 증대하면서 2010년 전년 대비 가장 많은 탄소 배출로 이어졌다. 수치상으로 보면 2019년에 잠시 1.5% 감소했던 탄소 배출량은 2010년 전년 대비 가장 큰 폭인 5.1%나 상승했다. 미국의 대공황이나 1, 2차 세계 대전 직후에도 반복되었다.

우리도 잠시 경험한 바가 있다. 한국의 탄소 배출은 지난해 2월부터 시작된 단계적 '사회적 격리' 조치로 일시에 뚝 떨어져 전년 같은 기간에 비해 15%나 줄었다. 3, 4월 두 달 동안 뚝 떨어졌던 한국의 탄소 배출은 정부의 경기 부양책 중 하나로 '긴급재난지원금'에 관한 논의가 거의 확정된 4월 하반기부터 오르기 시작해서 12조 규모의 재난지원금이 풀린 5월의 이른바 '보복 소비'와 함께 거의 80% 가까이 반등했다.

이런 결과로 볼 때, 탄소 발자국을 줄이기 위해 개인이 일시적으로 비행기를 타지 않는다고 해서 기후 위기를 해결할 수 없다. 위기 상황 가운데서 개인은 더욱 이기적인 성향을 띤다. 그러므로 수온 상승을 막으려면 공격적인 국가별 연대를 통해서 매년 4~7%씩 탄소 배출을 줄여야만 한다. 그런데 탄소 배출 최대 국가인 미국은 탄소 배출에 관한 국제 협력 조약인 파리 협정을 파기했고, 중국의 온실가스 배출 감시는 형식적일 뿐이다. 게다가 70억 인구가 생존하고 더욱 발전해 나가려면 에너지 사용은 더 늘어날 수밖에 없다.

"탄소를 없애는 방법은 없나요?"라고 묻는다면, 나의 대답은 "없다."이다. 놀랍게도 탄소의 평균 수명은 기본이 수백 년이다. 한 번 발생한 탄소는 수백 년 동안 사라지지 않는다. 그러므로 만들지 않는 것이 최선이다. 그리고 탄소 배출의 대가는 지구 곳곳에서 무고한 생명과 물적 희생으로 톡톡히 치르고 있다. 그리고 그 희생은 기하급수적으로 늘어나고 있다.

2020년 5월 16일, 드디어 올 것이 오고야 말았다. 당시 벵골만 상공에서 촬영된 위성 사진은 어마어마한 쓰나미가 닥칠 것이라는 사실을 경고했다. 그리고 그로부터 나흘 후, 역대 최악의 슈퍼 태풍인 '암판'이 방글라데시와 인도에 상륙했다. 지난 20년간 이 지역에 상륙한 가장 강력한 폭풍이다. 시속 185km의 강풍이 인도 서벵골주 해안을 강타했고, 거대한 파도가 인도와 방글라데시 해안을 휩쓸었다. 나무들은 뿌리째 뽑혀 땅 밖으로 던져졌고, 도시의 거리는 강으로 변했다. 집을 잃은 이재민만 수만 명에 이르렀다.

2019년, 암판보다 한 단계 아래였던 사이클론 파니는 대서양에서 4등급 허리케인으로 수십 명을 죽였다. 20세기 후반과 21세기 초에 강력한 폭풍의 사망자 수는 수천에서 수십만 명 규모였다. 그런데 역대 최악의 슈퍼 태풍인 암판이 왔을 때 인도와 방글라데시의 사망자는 150명 선에 멈췄다. 다행히 지난 수십 년 동안 방글라데시의 태풍 재해 사망자 수는 감소하고 있다. 폭풍은 갈수록 더 강해지고 높아진 해수면은 이 나라의 평평한 해안선과 증가하는 인구와 결합하여 더 많은 사람들을 위험에 빠뜨렸다. 방글라데시는 이러한 재난에 대처하기 위해 해안선에 방파제를 세웠고 조기 경보시스템을 설치했다. 그 덕분에 사람들은 폭풍 예보가 있을 때마다 미리 대피소로 피난할 수 있었던 것이다.

2000년대 초반 방글라데시 정책 담당자들은 탄소 배출을 줄이기 위한 국제적인 노력이 기후 변화에 충분하지 않다는 것을 깨달았다. 그리고 지리적 특성상 저지대 해안선과 사이클론이 경유하는 이동 통로이니 벵골만의 꼭대기에 위치하고 있기 때문에 기후 변화 여부와 관계없이 태풍 방어를 구축하는 것이 절실하게 필요했다. 그래서 2005년부터 태풍에 대비한 다양한 정책을 실행에 옮겨 왔다.

하지만 방글라데시가 이런 태풍의 희생으로부터 근본적인 안전을 확보하는 길은 국제 사회의 파격적인 탄소 감축뿐이다. 만일 국제 사회가 탄소 감축에 실패한다면, 이 아름다운 나라는 인류의 역사 가운데 기후 재난의 가장 참혹한 희생자로 기록될지도 모른다. 그리고 그 비극은 이 나라 하나로 끝나지 않을 수도 있다.

IEA 로라 코찌는 '단순히 화석 연료 사용을 줄이는 차원을 넘어 공격적인 청정에너지로의 전환에 관한 고민에 모든 나라가 함께'에 참여해야 할 때라고 말한다. 기후학자 코린 르 퀘레 박사도 '각국 정상들이 향후 경기 부양책과 국가 기본 정책에 탄소 제로 배출 목표와 기후 변화의 필요성을 어느 정도 고려하느냐가 향후 수십 년간의 이산화탄소 배출에 결정적인 영향을 미칠 것'이라고 강조했다.

제2장

―

시베리아의 산불, 거대한 땅속 탄소 폭탄에 접근하고 있다

A Deadlier Pandemic Is Coming

인류는 수차례의 바이러스 팬데믹에도 생명력을 잃지 않고 종족을 번성시켜 왔다. 그러나 점점 가시화되고 있는 기후 팬데믹 상황은 결코 낙관할 수 없다. 고고생물학자들은 지구가 5억 년 동안 경험했던 5번의 대멸종의 원인이 모두 급격한 기후 변화, 즉 기후 팬데믹이었다고 말한다. 지금의 인류가 기후 팬데믹으로 인한 여섯 번째 멸종의 위기로 가고 있는 것이 아니라고 아무도 장담할 수 없는 상황이다.

코로나와 기후 문제를 생각할 때 꼭 염두에 두어야 하는 이슈가 바로 경제다. 코로나로 인해 나빠진 경제는 곧바로 환경에 영향을 미친다. 코로나바이러스 대유행으로 인해 인류는 지구 온난화를 비롯한 인류가 당면한 기후 및 환경 문제 해결에 중대한 기로에 놓였다.

지금과 같은 위중한 경기 위축 상황에서는 빠른 경기 반등을 목표로 할 수밖에 없고 그렇게 되면 경기 부양책 가운데 초기 투자 비용이 높은 청정에너지로 가는 것보다는 상대적으로 값싼 화석 연료를 계속 사용함으로써 탄소 배출을 증가시키는 쪽으로 되돌아가는 것이 더 쉽다. 실제로 각국은 경제 부양책에 보다 지속 가능한 에너지 경제로 전환하는 예산을 포함시키겠다고 했던 약속에 대해 상반된 조치를 보여 주고 있다.

미국의 경우, 지금까지 의회가 제정한 코로나바이러스 관련 복구 조치는 주요 경제지표상에 나타나는 핵심 요인, 예를 들면 실업률을 낮추고 개인과 기업의 손에 수조 달러를 최대한 빨리 쥐는 데 초점이 맞춰져 있다. 이 때문에 300개 이상의 기업체 대표과 환경 전문가들이 민주당 및 공화당 의원을 상대로 보다 환경 친화적이고 깨끗한 에너지 경제를 위한 경기 부양책을 만들 수 있도록 압력을 가하고 있다.

이들을 가장 김빠지게 만든 이가 개빈 뉴섬Gavin Newsom 캘리포니아 주지사이다. 그동안 그와 캘리포니아는 기후 변화 노력의 선두 주자였다. 그런데 팬데믹 쇼크로 540억 달러의 재정 적자에 직면

하자, 개빈 뉴섬 주지사는 전기차 충전소와 같은 녹색 사업을 활성화하기 위한 10억 달러 규모의 대출 펀드를 포함한 관련 지출 삭감을 줄일 수밖에 없다고 말했다.

다행히 몇몇 나라들은 이미 환경 관련 녹색 뉴딜 정책을 그들의 경기 부양책에 포함시켰다. 캐나다의 경우, 경기 부양 기금을 신청하는 기업들은 그들이 미리 어떻게 환경의 지속 가능성을 지원하고 자국의 탄소 제로 목표를 달성할 것인지를 결정하고 이를 공개해야만 한다. 스페인은 최악의 코로나 위기에 직면했음에도 불구하고 2050년까지 탄소 제로를 달성하겠다고 발표했다. 메르켈 독일 총리도 '녹색 경기 부양Green Recovery'을 선언하고 EU도 탄소 제로 달성을 위한 '유러피언 그린 딜European Green Deal'에 합의했다.

하지만 대다수의 나라에서 경제 침체를 이유로 청정에너지로의 전환과 강력한 탄소 제로 규제를 늦추고 있는 이 순간에도 지구의 온도는 계속 올라가고 있고, 그동안 국제 연대를 이루며 노력했던 결실이 다가오기 전에 전 지구적 환경 재난이 먼저 덮쳐 올지도 모른다. 사실 환경 재난의 징조는 이미 오래전에 카운트다운이 시작됐고, 지구 곳곳에서는 그 사인들이 더욱 분명해지고 있다.

이 중 가장 위협적인 것이 시베리아의 산불이다. 모두의 관심이 코로나로 인한 팬데믹에 쏠려 있었던 2020년 6월, 유럽 중거리 기상 예보 센터European Center for Medium-Range Weather Forecasts의 마크 패링턴Mark Parrington은 시베리아 전역으로 화재가 번지고 있다고 말했다. 화재의 열방출량을 측정하는 1일 방사능 수치가 2013년 이후 최고치를 기록했다. 러시아 산림청도 시베리아 동부 사하 공화국Sakha Republic, 추코트카Chukotka, 마가단Magadan 지역에서 수백만 에이커[3]가 불길에 휩싸인 것으로 추정하고 있다.

최근 시베리아의 화재를 면밀히 추적해 온 런던 경제대London School of Economics 환경지리학자 토머스 스미스Thomas Smith는 "아직까지는 기후 변화에 결정적인 영향은 끼치지 않았지만, 뭔가 심상치 않은 일이 일어나고 있는 것은 분명하다."라고 말한다.

시베리아의 산불은 위성에서도 감지됐다. 6월 말 유럽우주국ESA의 Sentinel-2 위성은 2003년부터 지구 최북단인 73도에 가까운 위도에서 일련의 화재를 감지했다. 가장 최근의 것은 6월 30일 북극해의 일부인 랍테프해Laptev Sea 해안에서 감지됐다.

미국 오하이오주 마이애미 대학의 제시카 맥카티Jessica McCarty 화재 연구원은 "랍테프해 해안 남쪽 약 10km 떨어진 곳에서 불이 나는

---

3 7,800만 에이커(90억 평)를 기준으로 했을 때 우리나라 경상남북도를 합한 면적과 비슷하다.

것을 보고 충격을 받았다."라고 말했다. 그녀가 화재를 발견한 위치는 사하공화국의 북쪽 해안 지역이었다. 그곳은 연평균 영하 50도 이하인, 세계에서 가장 추운 나라다. 숨을 내쉬면 그대로 얼어 버리고, 낚시로 물고기를 잡으면 곧바로 급속 냉동이 될 정도로 추운 곳이다. 제시카 맥카티는 이곳에서 화재를 관찰하고 연구하게 될 것이라곤 상상도 하지 못했다.

많은 사람들을 놀라게 하는 시베리아 화재의 원인은 열이다. 탄소 배출의 증가로 지구 온난화가 계속되면서 시베리아 전역의 기온이 평년보다 훨씬 높은 수준을 보이고 있다. 엄청난 규모의 화재가 났던 2020년 6월 중순, '세계에서 가장 추운 도시'로 알려진 시베리아 동북부 사하공화국 베르코얀스크Verkhoyansk 지역 기온이 기록적인 100℉ 37.8℃를 기록했다. 토머스 스미스 교수는 "이 무더위는 정말 모든 것을 태울 수 있는 수준까지 가고 있다."라고 우려했다.

그의 연구에 따르면, 최근 지구의 냉동고라고 불리는 북극의 툰드라 지대에서 여름철에 화재가 발생하는 일은 더 이상 희귀한 현상이 아니다. 그중에서도 2020년이 가장 많았다. 툰드라 지대에서 화재가 발생하는 일이 전혀 없었던 것은 아니지만, 이렇게 넓은 지역에 걸쳐서 한꺼번에 많은 화재가 일어나는 것은 전례가 없었다고 한다. 그중 몇몇 화재는 기네스북에 올려야 할 정도로 엄청난 규모다.

그런데 이 화재가 북부 툰드라 지대 지층 아래에 형성된 이탄층 carbon-rich peatlands에 접근하고 있는 것을 포착했다. 이탄층이란 오랫동안 쌓인 유기물의 압축층으로 북극처럼 온도가 낮은 곳은 '영구 동토층'으로 분류되어 있는데 쉽게 말하면 압축된 탄소층, 그야말로 고압축 탄소 폭탄이라고 보면 된다. 뚜껑이 열리는 순간, 북극 전체는 물론 지구가 탄소로 뒤덮이게 될 것이다.

실제로 2007년에 알래스카에서 발생한 툰드라 지역 화재로 인해 북극 과학자들은 충격에 빠졌다. 당시 이 화재를 조사했던 알래스카 대학 북극생물학연구소Institute of Arctic Biology at the University of Alaska의 신도니아 브렛하트Syndonia Bret-Harte에 따르면, 알래스카 북부 연안의 아낙투부크강 인근에서 발생한 이 화재는 그 이전까지 알래스카 툰드라 지역에서 발생한 모든 화재를 다 합한 것보다도 더 큰 엄청난 화재였다. 그해 7월부터 시작되어 몇 주간 계속된 불길은 결국 400평방마일을 태우고서야 잡혔는데, 이때 방출된 탄소의 양을 측정해 보니 210만 미터톤으로, 북극 전체의 나무들이 1년 동안 감소시키는 탄소의 양과 같았다.

다행히 이때 발생한 탄소들이 해묵은 '위험한' 탄소가 아니라 대부분 50년이 넘지 않은 비교적 '젊은 탄소'였다. 하지만 이에 대해 토머스 스미스 교수는 "언제 탄소 폭탄이 터지게 될지 모른다."라고 경고했다.

얼마 전 인기를 끌었던 조지 클루니가 감독하고 주연한 영화 '미드나이트 스카이The Midnight Sky'는 지구의 종말을 배경으로 한 영화다. 종말이 온 배경에 대해서는 설명이 없으나, 내용을 보면 급격한 기후 변화가 원인이다. 언제부턴가 기후 팬데믹은 영화의 단골 소재로 등장하고 있다. 인류는 수차례의 바이러스 팬데믹에도 생명력을 잃지 않고 종족을 번성시켜 왔다. 그러나 점점 가시화되고 있는 기후 팬데믹 상황은 결코 낙관할 수 없다.

여러 가지 사인들이 인류 멸종 가능성을 생각하게 한다. 고고생물학자들은 지구가 5억 년 동안 경험했던 5번의 대멸종의 원인이 모두 급격한 기후 변화, 즉 기후 팬데믹이었다고 말한다. "지금의 인류가 기후 팬데믹으로 인한 여섯 번째 멸종의 위기로 가고 있는 것이 아니라고 아무도 장담할 수 없는 상황이다."〈대멸종 연대기 The Ends of the World〉의 저자 피터 브래넌Peter Brannen의 지적이다.

"우리는 헤아릴 수 없는 속도로 동물을 사냥하고 파괴하고 있지만, 인류가 내일 사라진다면 행복은 곧 회복될지도 모른다. 인류가 탄소를 대기와 바다에 던져 넣는 것을 멈춘다면, 수천 년 만에 다시 석회암이 되어 행성의 위협이 되지 않을 것이다. 그러나 인류는 그것을 멈출 것 같지 않고, 우리의 약탈은 지질학적으로 심각하게 초토화하는 수준까지 계속될 것이다."

이제는 대멸종이 진행되고 있지 않다는 어윈의 주장은 인류를 굴레에서 해방시켜 주는 것 같지만, 실제로는 더 미묘하고 훨씬 더 심각한 주장이다. 바로 이 부분이 생태계의 비선형적 반응이 삽입되는 지점이다. 대멸종에 조금씩 다가간다는 것은 블랙홀의 사건 지평선에 서서히 다가가는 것과 같을지도 모른다. 어제까지 존재했던 모든 것이 아주 사소한 선 하나를 넘는 순간 완전히 사라진다는 뜻이기 때문이다.

대멸종의 위기를 예측할 만큼 인류의 탄소 배출은 심각하게 이 행성을 훼손시키고 있다. 그러므로 시베리아의 산불이 준 경고에 모두가 주목해야 한다. 과거 같았으면 화재로 인해 표면을 덮고 있던 이끼가 사라져 순록이 어떻게 생존할 것인가를 걱정했을 것이다. 북극의 생태 역사를 알 수 있는 생태 족보가 사라질 것이라는 걱정이 앞섰을 것이다. 하지만 인류는 지금 그런 걱정을 할 겨를이 없다. 이끼가 사라진 틈에서 자라기 시작한 풀들이 어디까지 뿌리를 뻗을지가 걱정이다. 갈수록 더워지는 날씨 속에서 행여나 이 풀들이 내린 뿌리와 그 밑에서 자라는 보이지 않는 생명들이 언제까지 '영원할지' 모르는 '탄소 폭탄'을 건드릴지 모른다는 불안감에 떨고 있다.

제3장

코로나 팬데믹을 만든
중요한 원인이 기후 변화였다?

A Deadlier Pandemic Is Coming

영국 케임브리지 대학 연구팀에 따르면, 식물과 나무의 성장에 영향을 미치는 기후 변화가 중국 남부 초목의 구성을 열대 관목지에서 열대 사바나와 낙엽 삼림지대로 만들었다. 연구자들은 이 지역을 박쥐 종의 번식과 서식을 위한 '글로벌 핫스팟'이라고 부르는데, 지난 100년 동안 이 지역으로 40종의 박쥐를 불러들여서 100종에 이르는 코로나바이러스를 운반한 가장 강력한 힘은 기후 온난화였다는 것이다.

기후 온난화와 함께 해수면이 상승하고 있다는 이야기를 들어온 게 어제오늘의 일은 아니지만, 최근의 한 연구에 따르면, 해수면은 이전의 기후 모델이 예측한 것보다 훨씬 더 빨리 상승할 것이라고 한다. 2019년, 유엔 기후변화보고기관인 IPCC, 즉 정부 간 기후변화위원회가 다음과 같이 발표했다.

"2100년까지 전 세계 해수면 평균이 최소 0.61미터(2피트) 이상 상승하긴 하지만, 1.1미터(3.61피트)를 넘지는 않을 것이다."

이 예측은 기후 변화와 해양 난방, 계속되는 온실가스 배출, 그리고 더 많은 온난화를 막기 위한 인간 행동의 잠재적 변화를 설명하는 모델을 바탕으로 해서 나온 것이다. 그런데 미국 저명한 해양 과학 전문지인 〈오션 사이언스〉지에 따르면, 한 연구팀이 과거 지구 기온이 올라갈 때마다 해수면이 얼마나 빠르게 상승했는지를 비교·관찰해 보았는데, IPCC 등 기존의 해수면 상승 예측보다 훨씬 더 높아질 수 있다는 결과가 나왔다고 한다.

미국 웨이크 포레스트 대학Wake Forest Univ의 수학자 케이틀린 힐 Kaitlin Hill 교수는 "단순히 얼음이나 구름 덮개의 변화, 혹은 해양에 흡수되는 태양열의 양만을 가지고 해수면 상승을 예측하는 것만으로는 부족하다는 것이죠."라고 하였다. 힐 교수는 이와 더불어서 기후에 관련된 역사적 자료를 같이 살펴보아야 한다고 주장하고 있다.

애리조나 대학의 해양학자 조엘렌 러셀Joellen Russell 교수도 IPCC가 사용해 온 기후 모델이 해수면 상승을 과소평가할 수 있다고 동조했다. 그뿐만 아니라 이들 해양 기후 전문가들은 이미 오래전부터 IPCC가 예측해 온 것보다 해수면이 더 빨리 상승하고 있다는 사실을 확인한 바 있다고 한다. 지금도 빠른 속도로 해수면이 상승하고 있는데 더 빠르게 상승할 것이라고 하니, 여간 걱정이 아니다. 이런 추세 속에서 유엔 안토니우 구테흐스António M.O. Guterres 사무총장도 연일 기후 이슈로 목소리를 높이고 있다.

"기후 오염국들은 11월에 열리는 기후정상회에 앞서 반드시 온실가스 감축에 관련된 대책을 들고 와야 합니다."

전례 없이 강경한 톤이다. 구테흐스는 올해 유엔의 '핵심 목표' 중 하나가 바로 지구촌 온실가스의 90%를 배출하는 국가나 기업들이 언제까지 계속해서 온실가스를 만들어 낼 것인지 기한을 정하도록 하는 것이라고 말했다.

미국, 중국 및 유럽 연합EU 회원국을 포함한 몇몇 국가들은 이미 '탄소 제로' 배출 계획을 발표했는데, 이는 천연 또는 기술적 방법으로 흡수될 수 있는 만큼만 배출한다는 것을 의미한다. 그러나 과학자들은 이 계획 중 일부는 너무 막연하고 목표 시점이 요원해서 향후 지구 온도 상승을 1.5도 이내로 유지하려는 파리 협정의 목표를 달성하기에는 부족하다고 지적했다.

조 바이든 대통령과 함께 파리 협정에 복귀한 미국도 오랜만에 국제 사회를 향해 환경에 대한 책임감을 촉구했다. 2030년까지 탄소 제로 목표를 달성하기 위한 전략을 마련하는 미국은 주요 탄소 배출국 모두가 '설득력 있고 실행 가능한 전략'을 마련해 '의지를 가지고 성공시켜야 할 것'이라고 국제 사회의 참여를 촉구하고 있다.

그런데 구테흐스 사무총장은 이번에 마음을 단단히 먹었다. 자국의 탄소 제로 대책 마련에 바쁜 선진국들에게 매년 가난한 나라들이 기후 변화에 대응하는 데 필요한 1,000억 달러의 자금을 지원하라고 촉구한 것이다. 사실 유엔의 기후 변화 주요 대응 전략에는 첫째 주요 배출국의 탄소 배출량 감축 전략, 둘째는 온도 상승에 대한 적응 전략, 그리고 마지막으로 가난한 나라들에 대한 기술과 자금의 지원 전략이 포함된다. 쉽게 말하면 탄소는 줄이고, 삶의 방식은 바꾸며, 서로 도와주자는 취지다.

자국의 탄소 제로 비용도 만만치 않은데 지구촌 탄소 제로 비용까지 물라니, 기후 오염국들, 좀 억울하다 생각할 만도 한데, 하필 이런 때에 기후 변화가 코로나 사태의 핵심 요인일 수도 있다는 결정적인 연구가 발표됐다. 영국 케임브리지 대학의 수학자이자 산림 과학자인 로버트 베이어Robert Beyer 박사와 연구원들은 100년 전 기후 기록을 사용하여 세계의 식물 지도를 작성한 뒤 당시 박쥐의 서식 분포도를 작성해 보았다. 그 자료를 바탕으로 현재 박쥐의 분포도와 비교해 보았는데, 많은 종의 박쥐들이 중국 남부를 비롯한 동남아시아에서 종이 번성했다는 사실을 밝혀냈다.

이 연구 결과에 따르면, 식물과 나무의 성장에 영향을 미치는 기온, 일조량, 이산화탄소 증가 등 기후 변화가 중국 남부 초목의 구성을 이동시켜 열대 관목지를 열대 사바나와 낙엽 삼림지대로 만들었다. 연구자들은 이 지역을 박쥐 종의 번식과 서식을 위한 '글로벌 핫스팟'이라고 부르는데, 코로나의 원인이 된 사스-CoV-2가 이 지역에서 발생했을 것이라고 볼 수밖에 없는 강력한 유전적인 유사성이 있기 때문이라고 한다. 로버트 베이어 박사는 '지난 세기 동안, 기후 변화가 사스-CoV-2가 시작되었을 가능성이 높은 지역에서 박쥐의 수를 크게 증가시켰다고 추정'한다고 말한다.

결론적으로, 지난 100년 동안 환경 오염과 기후 온난화로 인해 식물 생태가 변화했고, 이에 따라서 40종의 박쥐가 동남아로 이주해 왔으며, 왕성하게 번식한 일부가 중국 남부 윈난성과 그 일대로 퍼졌다는 것이다. 이때 박쥐를 매개로 하는 100종의 코로나바이러스를 운반했다는 사실이 밝혀진 것이다.

박쥐들이 코로나바이러스의 원조 보균자이고 다양한 종들이 수천 종의 코로나바이러스를 갖고 있다는 것은 이미 잘 알려진 사실이다. 이 연구가 알려진 뒤 걱정하는 이들이 많다. 이 연구 결과대로라면 '코로나가 영원히 종식되지 않을 수도 있을 뿐 아니라 앞으로 더욱 빠른 속도로 나빠질 기후 변화가 더 많은 전염병과 더 잦은 팬데믹 상황을 불러올 수도 있다'는 뜻이기 때문이다.

이번 연구 보고서의 대표 집필자인 케임브리지 대학교 로버트 베이어Robert Beyer 박사는 '기후 변화로 인해 100여 종의 코로나바이러스를 옮기는 박쥐들이 또다시 새로운 지역으로 이동한다면, 또 한 번의 감염 확산과 바이러스의 진화를 염려해야 할 것'이라고 경고한다.

물론 모든 학자들이 이 연구 결과에 동의하는 것은 아니다. 하지만 분명한 것은 이들 박쥐의 생태를 변화시킨 주요한 요인이 기후 변화였다는 것, 그리고 그 원인을 인간들이 제공했다는 사실이며, 이런 면에서 기후 문제는 단순히 지구의 안전과 탄소 문제, 해수면의 상승 문제를 넘어 코로나 팬데믹과 같은 치명적 전염병 위기를 언제든지 다시 불러올 수 있다는 사실이 분명해졌다.

무분별한 삼림 벌채나 개발, 또는 산업 규모의 동물 농업과 같은 직접적인 인간의 행동이 많은 야생 동물들에게 엄청난 충격을 안겨 주게 되고, 그 결과가 코로나 팬데믹이라는 부메랑이 되어서 인간에게 다시 돌아온 셈이다.

그런 점을 생각하면, 가난한 나라의 탄소 제로가 남의 나랏일이 아니라는 구테흐스 유엔 사무총장의 외침이 새롭게 들린다. 또한 '탄소 제로 운동은 항공, 해운, 산업, 농업과 같은 특정 산업 분야만이 아닌 모든 나라, 모든 도시, 금융기관과 모든 개인들에게 새로운 일상이 되어야만 한다'는 유엔 사무총장의 호소에 우리 모두 귀를 기울여야 할 때가 아닌가 싶다.

제4장

미래로 가는 출구, '탈탄소'를 둘러싼 글로벌 리더십

A Deadlier Pandemic Is Coming

2000년 이전까지 세계 환경 문제는 주로 물 문제, 대기 공해 문제였다. 물론 기후 변화, 생물 다양성, 사막화 등이 유엔의 환경 의제로 존재했지만, 그리 주목받지 못했다. 그런데 2000년 이후에는 마치 핵융합을 하는 것처럼 거의 모든 문제들이 합해져서 탄소 배출로 인한 지구 온난화와 에너지 문제로 모인다.

탄소가 증가하는 이유는 다양하다. 우주에서 암석이 지구 표면에 부딪히는 경우도 있고, 커다란 화산이 폭발하는 등의 불가항력적인 특수 요인들도 분명 있다. 그러나 지금 인류의 삶터인 지구를 위험하게 하는 것은 우리가 일상 속에서 아무 생각 없이 방출하는 어마어마한 탄소 때문이다. 대기 중으로 방출되고 해수면을 점점 높이다가 대륙의 판구조 운동 등의 알려지지 않은 생명 활동에 의해 바다로 급속하게 흡수된다. 지구를 뜨겁게 달구던 탄소가 일시에 사라지면 급속한 빙하기가 시작된다. 이때 모든 생물이 멸종한다.

이 비극적 흐름을 막기 위한 두 가지 방법은 지구 상층권 외곽에 태양광 패널을 설치하는 것이고, 또 다른 하나는 핵융합이다. 그러나 이 두 기술은 빨라야 2050년에야 상용화될 예정이다. 그 때까지는 국제적인 긴밀한 연대를 통해서 가능한 모든 저탄소 기술을 활용하고 바람직한 행동의 변화로 에너지를 절약하는 길뿐이다.

이런 상황에서 최근 기후 대응 이슈를 중심으로 한 미국과 중국의 관계가 상당히 흥미롭게 변하고 있다. 과정을 좀 살펴보자. 앞에서도 언급했듯이 2015년 당시 200여 개국이 참여했던 파리 기후협정의 목표는 21세기 말까지 지구 평균 기온이 산업화 이전 수준보다 섭씨 2도 이상 상승하는 것을 막고, 이를 1.5도 이하로 유지하기 위한 공동의 노력을 하는 것이다. 이 목표를 위해 회원국들은 각자 온실가스 배출 전략을 세우고 실행해야만 한다.

이제껏 참여를 꺼리던 중국과 미국이 합류하면서 다자간 기후협상이 완성되는 듯해서 많은 찬사를 받았다. 그런데 2015년 11

월 4일, 트럼프는 파리 기후 협정 탈퇴를 선언하고 실제로 2019년에 탈퇴해 버렸다.

취임 후 트럼프는 환경적으로 문제가 많았던 셰일 가스shale gas 허용폭을 높였다. 이런 일련의 정책으로 미국은 원유 수출국의 반열에 올랐고, 자국의 경제 성장을 극대화할 수 있게 됐다. 그 누구도 상상하지 못했던 일이 벌어진 것이다.

최근까지 환경 문제에 가장 미온적이었던 일본까지도 2050년까지 탄소 제로의 목표 달성에 나섰다. 중국과 유럽 연합도 마찬가지다. 그럼에도 불구하고 미국은 거꾸로 가고 있을 뿐 아니라 환경 문제에 관한 한 완전 고립의 길을 걷고 있었는데, 실제로 더 많은 나라들이 파리 기후 협정에 가입하고 있고, 미국을 제외한 어떤 나라도 탈퇴한 사례가 없었다.

많은 사람들이 오해하는 사실이 있다. 숲을 많이 만들고 나무들이 산소를 발생시키면 이산화탄소가 줄어들 것이라고 여기는 것이다. 그러나 한 번 생성된 이산화탄소는 수세기 동안 사라지지 않는다. 반면 산소는 인간의 생존을 위해 끊임없이 사라지고, 사용된 산소는 이산화탄소가 되어 다시 돌아온다. 그래서 산소를 만드는 나무를 심는 것보다 더 중요한 것이 이산화탄소를 만들지 않는 것이다.

이것이 바로 파리 기후 협정을 탄생하게 한 가장 근본적인 이유이다. 당시 세계 200여 개국이 탄소 제로를 향한 행보에 동참하기로 약속하고, 각국 상황에 맞는 환경 관련 정책들을 수립하여 이를 실행에 옮겨 왔다.

버락 오바마 미국 대통령이 이 협정에 가입한 것은 환경 분야에 있어서 그의 기념적인 업적이었다. 그가 대통령이 되기 전까지 미국의 탄소 배출은 증가 일로였다. 하지만 오바마 행정부는 그 흐름을 뒤집었다. 환경연구기관 중 하나인 로듐 그룹의 케이트 라르센 Kate Larsen 소장은 오바마 행정부가 자동차의 연비 기준을 강화하고, 거의 모든 경제 분야에 체계적인 온실가스 배출 감축을 위한 기후행동 계획을 수립하고 실행하도록 했다.

하지만 이를 완전히 제자리로 되돌려 놓은 트럼프 행정부의 몰지각한 기후 정책으로 2035년까지 18억 톤 이상의 이산화탄소가 증가할 것이라고 우려했다. 이는 북극의 나무들이 2035년까지 감소시키는 탄소량(1년 210만 톤×15년=3,150만 톤 기준으로 계산)의 50배가 넘는 막대한 양이다. 이 정도면 환경 운동가들이 트럼프를 환경 악당이라고 부를 만도 하다.

다행히 각 주와 시 단위로 이루어진 재생 에너지 확장과 코로나 대유행의 경기 침체로 인해 탄소 배출 증가 속도가 둔화되긴 했지만, 트럼프의 조치로 인해 증가된 막대한 이산화탄소는 몇 년 가지 않아 대기를 심각하게 오염시킬 것이라는 분석이다.

이런 상황에서 중국이 탄소 중립의 동력을 본격적으로 가동했다.[4] 2020년 9월 22일, 시진핑은 유엔에서 다음과 같이 발표했다.

"2030년 이전에 중국의 이산화탄소 배출량의 감소가 시작될 것이며, 2060년 이전에 탄소 제로를 달성하겠다. 더 엄격한 정책과 조치를 통해서 파리 기후 협정에 대한 이행을 높여갈 것이다."

이는 물론 국제 사회에서 미국을 이기려는 중국의 정치적 욕심에서 시작된 의도가 다분하고 중국이 40년 안에 탄소 배출 세계 1위의 오명을 씻을 수 있을지는 아직 모를 일이지만, 그동안 더욱 강력한 기후 행동을 해올 것을 압박해 온 유럽 지도자들은 시진핑의 발표에 갈채를 보냈다. 시진핑은 유엔 발표 직전 앙겔라 메르켈 독일 총리, 찰스 미셸 유럽평의회 의장, 우르술라 폰 데르 레이엔 유럽 연합EU 집행위원장과 장거리 회동을 가졌는데, 이 자리에

4

서 EU 정상들은 중국에 기후 목표의 갱신과 제로 마감 시한을 정하라고 촉구한 바 있었다.

또한 발표 전날, 중국의 기후외교관 시젠화西建華를 통해 "중국은 국가적 의지NDC, nationally determined contribution에 따라 결정된 기후 변화에 대한 약속을 올해 안에 갱신하겠다."라는 의지를 전달함으로써 유엔에서의 발표가 단순히 정치적인 '멘트'가 아닌 '파리 기후 협정'의 회원국으로서의 의지를 표명한 것임을 확인하게 해 주었다.

물론 중국의 기준은 아직 국제적 요구 사항에 미치지 못한다. 사실 중국은 오랫동안 경제 성장을 위해서는 탄소 배출량이 더 늘어날 수밖에 없다고 주장해 왔다. 그러나 이산화탄소를 방출한 대가로 부자가 되었다면 이제는 기후 대응을 위해 이를 줄이는 부담 또한 가져야 한다는 국제 사회의 압력에 반응하기 시작했고, 이러한 중국의 태도는 다른 개발 도상국이 탈탄소 기조에 참여하도록 하는 데 영향을 미쳤다.

유라시아 그룹의 경제 환경 분석가인 데이비드 리빙스턴David Livingston은 "중국은 한때 그들의 버팀목이었던 기준들을 계속해서 무너뜨려 왔다."라고 말하며 중국의 노력에 대해 긍정적인 시선을 보였고, 미국 뉴저지 스토니브룩 대학의 에너지 및 기후 정책 전문가 강 허Gang He 교수 역시 '이번 2060년 공약은 중국과 최고 지도자가 배출량 감축에 대한 장기적인 약속을 한 첫 사례'라며 반겼다. 그는 '2019년 중국의 에너지 관련 탄소 배출량이 전 세계 에너지 관련 탄소 배출량의 약 28.8%를 차지하고 있고, 지속적인 성장과 중산층 인구 증가를 감안할 때 시진핑의 2060 탈탄소 약속은 엄청난 도전'이라고 평가했다.

또한 시진핑의 유엔 발표는 미국의 트럼프 대통령이 유엔 연설에서 중국을 향해 '환경 문제에 관한 세계적인 야만적인 침입자pariah'라고 비난한 지 불과 몇 분 만에 나온 것이라 더욱 흥미를 끌었다.

트럼프 대통령은 2020년 미국의 탄소 배출이 어느 나라보다도 많이 줄었다는 것을 밝히며 중국이 미국보다 거의 2배 가까이 높고 빠르게 수은과 탄소를 배출하고 있다고 비난했다. 트럼프 대통령은 "중국의 만연한 환경 오염을 무시한 채 환경 문제로 미국을 공격하는 사람들은 환경에 관심이 없는 사람들이다. 이는 단순히 미국의 잘못을 들춰내려고 하는 의도일 뿐이며, 이를 결코 좌시하지 않겠다."라고 말했다.

트럼프의 주장이 틀린 건 아니다. 유엔환경계획UN Environment Program

의 2018년 보고서에 따르면, 중국은 압도적인 세계 최고의 수은 방출 국가이다. 파리의 국제에너지기구에 따르면, 중국의 탄소 배출량은 작년에도 소폭 증가했다. 반면 미국은 약 3% 정도 감소했는데, 어느 나라도 그만큼 줄이지 못했다.

하지만 이런 미국의 탈탄소 결과를 트럼프가 자랑스럽게 떠들 일은 아니다. 10년간 미국의 배출량 감소는 석탄에서 천연가스로의 시장 주도적인 전환과 관련이 있는데, 이는 주로 트럼프에 의해 해체된 오바마 시대의 환경 정책 덕분이기 때문이다. 반면 시진핑은 유엔의 발표에 이어 아시아소사이어티 행사에 참석해서 '중국의 파워 노믹스, 즉 경제 5개년 계획이 실행되면, 탄소 배출이 줄어들 것'이라고 다시 한 번 의지를 분명히 했다. 국제 사회는 대대적으로 환영했다. 그리고 믿었다.

사실 트럼프가 만든 환경 글로벌 리더십의 공백은 너무도 치명적이었다. 반면 세계 1위의 탄소 배출국인 중국의 시진핑은 오랫동안 서방 세계가 기다려 왔던 '탄소 제로' 정책 관련 발언들을 잇달아 들려주었다. 중국이 믿을 만해서라기보다는 믿고 싶은 기대가 더 간절했다. 그만큼 지구 온난화는 심각했고 사태가 다급했다.

제5장

탄소 제로, 의심받는 중국과
미국의 귀환

A Deadlier Pandemic Is Coming

유럽은 오래전부터 탄소 배출을 줄이지 않으면 수입관세를 부과하겠다는 탄소무역관세를 들먹이곤 했다. 유럽이 탄소 후진국을 협박하기 위해 언급하곤 하던 것이었다. 만일 유럽이 탄소무역관세를 실행에 옮긴다면, OECD 국가 중에 탄소 배출 증가율 세계 1위, 배출 총량 세계 7위 국가인 우리에겐 직격탄이다. 그러니 미국과 중국 사이의 고래 싸움과 유럽 연합의 탄소 보호 무역에 등이 터지지 않도록 전방위적으로 대응해 나가야만 한다.

과학자 연합 전략 담당 이사인 앨든 마이어Alden Meyer는 탄소 이슈를 둘러싼 글로벌 리더십의 동향을 매우 흥미롭게 분석하고 있는 사람 중 하나다. 그는 "악마는 디테일에 숨어 있다.There's a lot of devil-in-the-details here."라는 비유를 들어 기후 대응 정책 속에 숨어 있을지 모를 시진핑의 강한 정치적인 의도에 강한 우려를 표명했다.

사실 여전히 중국의 기후 계획의 범위에 대해서는 알려지지 않은 것이 많다. 중국이 석탄 사용을 언제 어떻게 줄일 계획인지, 최근 몇 년 동안 온라인에 접속한 석탄 용량이 노후되고 더러워진 석탄 화력 발전소의 은퇴와 상쇄될 것인지, 중국이 일대일로에 참여하는 국가들의 화석 연료 기반 프로젝트 자금 지원을 늦출 것인지에 대한 것 등 의문점이 많다.

그뿐만이 아니다. 시진핑이 천명한 녹색 경제에 관련된 정책들은 일관성에서 문제가 많다. 물론 표면적으로는 베이징시가 선도적으로 나서서 발전소에 대한 배출권 거래 프로그램을 채택했고, 신재생 에너지를 적극적으로 확대하겠다고 발표했다. 또한 대기질 개선을 위해 화물트럭, 택시, 대중교통에 전기 에너지를 사용하는 방안을 추진하고 있는 정부에 발맞춰 베이징시의 택시 중 2만 대를 올 연말까지 전기차로 전환할 계획이다.

그러나 이런 녹색 경제 기조는 코로나 위기로 침체된 경제를 되살리는 과정에서 완전히 실종됐다. 최근 중국은 2020년 상반기보다 48기가와트GW가 늘어난 석탄에 의한 전력 수급 계획을 발표했다. 이는 2019년의 석탄 사용량보다 더 많다. 국제 사회 에너지 추이를 관측해 오고 있는 미국 글로벌 에너지 모니터Global Energy Monitor 에 따르면, 중국은 현재 252기가와트의, 계획 중이거나 건설 중인 석탄 전기 발전소를 보유하고 있으며, 이는 2019년 말 미국의 총 석탄 용량인 229기가와트를 훨씬 상회하고 있다.

　새로운 석탄 발전소는 앞으로 수십 년간 배출 가스를 억제하고 중국이 탈탄소로 가는 길을 어렵게 할 위험이 있다고 전문가들은 우려하고 있다. 미국 버클리 캘리포니아대 에너지학과 다니엘 캠 먼Daniel Kammen 교수는 이것이 단순히 잘못된 기후 대응 정책일 뿐 아니라 매우 경제적인 풍력·태양광 에너지 저장 기술을 무시한, 잘못된 경제 정책이기도 하다고 지적한다.

　또한 세계 2위의 석유, 천연가스 다국적 기업인 BP PLC의 세계 에너지 통계 리뷰에 따르면, 중국의 탄소 배출량은 2000년과 2008년 사이에 2배 이상 증가해 약 3.4미터기가톤에서 7.4미터기가톤으로 증가했다가 최근 몇 년간은 둔화되어 연간 평균 2.6%로 증가하고 있다. 중국은 현재 세계 온실가스 배출량의 28%를 차지하고 있으며, 이는 그다음 배출국인 미국의 2배에 달한다. 이런 중국이 새롭게 석탄 발전소를 건설하면서 과연 2060년 탄소 제로 목표를 달성할 수 있을지는 정말 미지수다.

하지만 유럽 국가들은 '이제까지의' 중국의 선택보다 '이제부터의' 중국의 선택이 중요하다고 말하며, 시진핑의 약속대로 중국의 배출량이 2030년 안에 최고 정점을 찍고 감소할 것을 기대하고 있다. 이를 위해 파리 기후 협정 5주년 기념일인 2020년 12월 12일에 중국이 보다 신뢰할 만하고 일관성 있는 탈탄소 관련 후속 전략을 내놓도록 압박의 수위를 높여 왔다. 청정에너지 싱크탱크인 에너지 이노베이션Energy Innovation에서 중국 정책을 이끌고 있는 페이멍Fei Meng은 "코로나 위기가 여전히 경제에 매우 큰 영향을 미치고 있는 지금, 시진핑 주석이 녹색 경제와 탈탄소를 위한 의지와 방향을 세계에 보여 주는 것만큼 중요한 일은 없다."라고 말하며 중국의 결단을 촉구했다.

그러나 중국은 신뢰를 저버렸다. 2020년 12월 12일, 수많은 기후 선진국들이 엄청난 희생을 전제로 한 파격적인 환경 정책들을 내놓았음에도 최대 탄소 배출국인 중국은 침묵했다. 이로써 기대의 수위가 잔뜩 높아졌던 중국의 완전한 탈탄소 이슈는 또다시 요원한 '염원'이 되었다.

실제로 2060년까지 이 목표를 달성하려면 중국 경제의 대대적인 변혁이 필요할 것이라고 기후 과학자 제케 하우스파더Zeke Hausfather는 말한다. 지금 눈부신 중국의 혁신 기술 그룹과 성장의 카

타르시스를 경험하고 있는 중국이 과연 기후 대응을 위해 이 속도를 늦추거나 부분적인 성장의 성과를 포기할 수 있을지는 두고 볼 일이라는 우려다. 앨든 마이어Alden Meyer가 우려했던 대로 시진핑이 최근에 보여준 탈탄소 행보는 단순히 환경 문제를 넘어 탈탄소 이슈를 통한 국제적 리더십의 우위를 겨냥한 것이 아니냐는 불안감이 고조되고 있다.

이런 분위기 속에 지난 4년간 세계 기후 대응 분야에서 최악의 행보를 걷고 있던 미국이 조 바이든 대통령과 함께 새로운 바람을 일으키고 있다. 다시 파리 협정으로 돌아온 바이든 대통령은 '오바마 대통령보다 훨씬 더 강력한 기후 변화 정책을 실행에 옮길 것'을 약속했다. 중국 쪽으로 기우나 싶었던 환경 리더십에 미묘한 파동이 시작됐다.

이런 상황에서 앨든 마이어Alden Meyer는 중요한 사실을 일깨워 준다. 당초 중국은 미국의 선거 결과를 기다릴 것으로 보였지만, 예상을 깨고 새로운 기후 공약을 내놓았다. 마치 기후 협약에 돌아오겠다고 천명한 조 바이든이 당선될 것을 미리 알기라도 한 것처럼 선수를 친 것이다.

하지만 환경 이슈에 정치적 야심은 금물이다. 2020년 9월 22일

시진핑의 탈탄소 선언을 열렬히 환영했던 회원국들은 12월 12일 시진핑의 침묵에 크게 실망했다. 이들의 반응은 조 바이든의 선택을 더욱 분명하게 해 준다고, 마이어는 강조한다. 그는 "조 바이든 대통령이 트럼프와는 다른, 즉 중국을 맹목적으로 비난하는 틀에서 벗어나 진정성 있게 유럽 연합EU과 손잡고 야심 찬 파리 목표와 탄소 제로의 약속을 제시하는 지혜가 필요하다."라고 충고한다.

　강 건너 남의 이야기가 아니다. 유럽은 오래전부터 탄소 배출을 줄이지 않으면 수입관세를 부과하겠다는 탄소무역관세를 들먹이곤 했다. 유럽이 탄소 후진국을 협박하기 위해 언급하곤 하던 것이었다. 요즘 상황 같아선 이것이 단순한 협박용이 아니라 현실이 될 수도 있다는 생각이 들곤 한다. 만일 유럽이 탄소무역관세를 실행에 옮긴다면 OECD 국가 중에 탄소 배출 증가율 세계 1위, 배출 총량 세계 7위 국가인 우리에겐 직격탄이다. 그러니 미국과 중국 사이의 고래 싸움과 유럽 연합의 탄소 보호 무역에 등이 터지지 않도록 전방위적으로 대응해 나가야만 한다.

제6장

일본, 실속 '탈탄소' 전략으로
미래 환경 산업 선점한다

A Deadlier Pandemic Is Coming

일본에 있어 탄소 제로 정책은 희생이나 국제연대를 뛰어넘은 미래의 먹거리 확보다. 특히 이산화탄소를 압축하거나 액체에 흡수시킨 후 지하 깊숙이 묻는 CCUS 분야 선점을 통해 연간 배출량의 10년치에 해당하는 약 100억 톤 이상의 이산화탄소를 줄일 수 있을 뿐 아니라 혁신적인 환경 관련 기술 개발 및 관련 산업 발전을 통해, 침체된 일본 경제에 활력을 불어넣는, 일본판 '그린 뉴딜'을 실현할 수 있을 것으로 보인다.

"일본의 탄소 배출을 제로화하겠다."

스가 요시히데菅義偉 일본 신임총리는 10월 26일 탄소 중립을 선언하여 주변국의 귀를 솔깃하게 했다. '일본이? 스가 총리가?' 하는 반응이 지배적이었다. 세계 5위의 탄소 배출국인 일본은 그동안 이렇다 할 기후 대응 정책을 내놓지 않아 주변국들로부터 눈총을 받아 왔기 때문이다.

사실 일본은 세계 환경 문제에 보이지 않는 리더이다. 이미 1997년에 교토에서 개최되었던 유엔 기후 변화 협약 3차 당사국 총회에서 소위 교토 의정서를 이끌어 냈다. 당시로서는 획기적이고도 대담한 합의였다. 러시아 의회가 마지막으로 비준하면서 2005년에 발효되었는데, 중요한 합의로는 2012년까지 1990년 수준보다 5.2% 이하로 온실가스 배출량을 감축하기로 한 것이다.

파리 협정 이전까지는 탄소 문제에 대한 국제 사회의 법률적 근간은 교토 의정서였다. 일본은 교토 의정서를 이끌어 내기 위해 많은 돈과 노력을 들였지만, 한편으로는 일본의 숲이 흡수하는 탄소를 자국의 감축 목표에서 삭감받는 등의 자국의 이익도 알뜰히 챙겼다. 러시아 역시 숲의 탄소 흡수 혜택을 인정받았지만, 안타깝게도 세계적인 조림 국가로 자타가 공인하는 우리나라는 인정을 받지 못했다.

또한 2010년에는 일본 아이치에서 유엔 생물 다양성 협약 10차 당사국 총회가 열렸는데, 이 자리에서 결정된 생물 다양성을 지키기 위한 열일곱 가지 목표를 '아이치 타깃Aichi Target'이라고 이름 붙였다. 국제적으로 환경 분야에서 활동하는 사람들은 교토 의정서와 아이치 타깃을 입에 달고 산다. 그게 당시로서는 가장 결속력 있고 영향력 있는 합의 사항이자 법이었기 때문이다. 그런 면에서 이 두 가지를 가능하게 한 일본은 국제 환경 전문가들에겐 보이지 않는 '환경 리더 국가'로 손색이 없는 나라였다.

그러던 일본이 최근엔 미온적인 침묵으로 일관했고, 그 침묵은 아베에서 현 총리인 스가로 이어지는 듯했다. 그로 인해 아베 총리는 트럼프만큼은 아니어도 파리 기후 협정 회원국들 사이에서는 온실가스 배출에 무심한 공공의 적처럼 인식되어 왔다. 더구나 스가는 아베 신조와 정치적 노선을 같이하는 대표적인 인물이다.

변화의 시작은 스가 총리의 정치적 생존 본능에서 출발했다. 아베 신조는 아베노믹스 등 간판 정책이 확실했지만, 스가 총리에게는 내세울 게 별로 없었다. 도장 사용 폐지, 휴대전화 요금 인하 등을 핵심 공약으로 내세웠지만, 총리의 공약이라고 보기에는 너무도 지엽적이라는 지적이 끊이지 않았고, 이 같은 비판 속에서 2050년까지 온실가스 실질 제로라는 정책이 나왔다는 것이다. 하지만 시진핑처럼 대책 없는 정치적 발언은 아니다. 스가 개인은 정치적 수세를 벗어나기 위한 발언이었다고 해도 일본의 기업들은 상당히 준비가 되어 있는 모습이다.

유럽 연합이 2050년까지 탄소 제로 공약을 내걸었던 작년, 일본은 조용히 '파리 협정에 따른 장기 성장 전략'이라는 상당히 구체적인 탈탄소 계획에 착수했다. 물론 환경 이슈 자체보다는 환경 문제로 인해 발생할 수 있는 자국의 경제를 보호하려는 의지가 더욱 강하게 담긴 정책이긴 했지만 내용을 살펴보면 상당히 구체적인 탈탄소 계획이 포함되어 있다.

파리 협정에 따른 장기 성장 전략 내 탈탄소 관련 내용

2019년 6월 각의 결정, 자료 출처: 일본 내각 관방

분류	주요 내용
지속 가능한 전력 공급 체제 확립	• 전력 사업법 개정 • 분산형 전원 확대 • 전력 시장 가격에 보조금 가산 지급하는 FIPFeed-in Premium 도입 • 지자체 협력을 통해 원전 재가동 추진
에너지를 둘러싼 과제에 대응	• 혁신적 환경 이노베이션 전략 수립 (재생 에너지, CCUS 기술 등에 대한 연구 개발 등) • 신국제자원 전략에 근거한 자원 외교 전개 • 해저 열수 광상 등 국산 자원 개발 노력
그린파이낸스 추진	• 기후 관련 재무 정보 공개 권고안인 TCFD 도입 확대
산업계 주도의 국제 협력	• 탈탄소, 폐기물 처리 등 환경 인프라에 대한 국제 협력 추진
모빌리티와 에너지 인프라의 융합	• 축전·전력 공급 기능 등을 활용한 모빌리티와 에너지 인프라 융합 및 관련 정비
지역 및 생활 관점의 기후 변화	• 2050년까지 이산화탄소 배출 '실질 제로(0)'를 표명한 지자체 합계 인구 6,500만 명 이상 달성 • 기후 변화와 방재防災를 아우르는 관점 확립

이와 더불어 최근에는 일본 인구의 62%를 차지하는 160여 개 지자체가 2050년까지 온실가스 배출 제로화를 선언했다. 소니, 파나소닉과 같은 소비자 브랜드에서 스미토모 화학 같은 산업 기업까지 많은 일본 유수의 기업들도 탈탄소에 동참하기 위한 의지를 밝히고 있다. 심지어 중공업 분야 기업 연합체인 케이단렌経団連조차 탈탄소화를 거론하기 시작했다.

이런 상황에서 나온 스가 총리의 탈탄소 선언은 상당히 실행력이 있어 보인다. 공급 측면에서는 에너지 기본 계획을 개정해 재생 에너지 비율을 높이고 수요 측면에서는 연료 전지 자동차FCV 관련 인프라인 수소 충전소를 보급하는 한편, 해상 풍력 확대 등 광범위한 '녹색 투자'에 착수했다.

무엇보다 탄소포집전환저장CCUS, Carbon Capture Utilization and Storage 기술을 이용해, 미국, 호주, ASEAN 각국과 공조해 이산화탄소를 지하에 저장함으로써 대기 중으로의 배출을 줄이는 사업을 추진하는 동시에 공장에서 배출되는 이산화탄소를 연료 및 화학 제품에 재사용하는 '탄소 재활용' 기술의 연구 개발을 이미 출범시켰다. 이 계획이 실행될 경우, 일본은 연간 배출량의 10년치에 해당하는 약 100억 톤 이상의 이산화탄소를 줄일 수 있을 뿐 아니라 혁신적인 환경 관련 기술 개발 및 관련 산업 발전을 통해, 침체된 일본 경

제에 활력을 불어넣는, 일본판 '그린 뉴딜'을 실현할 수 있을 것으로 보인다.[5]

CCUS 기술은 이산화탄소를 압축하거나 액체에 흡수시킨 후 지하 깊숙이 묻는 것이다. 국제에너지기구IEA는 이 CCUS 기술이 앞으로 50년 후인 2070년에는 세계 이산화탄소 배출량의 15%를 줄일 것으로 기대하고 있다. 일본에서는 JGC 홀딩스(닛키), 가와사키 중공업, 미쓰비시 중공업, 도레이 등 주요 기업들이 CCUS 기술 개발에 뛰어든 상태다.

이들 일본 기업의 기술과 노하우를 활용해 다른 나라의 이산화탄소의 지하 저장 프로젝트에 협력하면 자국 내 탄소 배출 감소 목표액과 상계할 수 있는 탄소 배출권이 부여돼 일본의 실질 이산화탄소 배출의 부담을 줄일 수 있다. 일본 정부는 올해 안에 열릴 동아시아 정상 회의의 에너지 장관 회의에서 관련국과 상세 내용을 논의할 계획인데, 내년부터 후보지를 결정해서 2030년까지는 실행에 옮길 계획이다. 이것이 성공할 경우, 일본은 연간 배출량의 10년분에 해당하는 100억 톤 이상의 이산화탄소를 저장할 수 있다고 밝혔다.

5

이뿐 아니라 호주와의 협력을 통해서, 석탄 중에서도 가장 열효율이 떨어져서 버려지는 갈탄에서 수소를 추출해 액화 수소 형태로 일본에 수송하는 '갈탄 수소 프로젝트' 등 다양한 수소 활용 프로젝트도 실행 중이다.

이런 노력을 통해 스가 총리는 단순히 일본을 향한 '탄소 배출의 방관자'라는 오랜 비판을 해소할 뿐 아니라 환경 산업을 미래 일본 국민의 먹거리로 키워 나가겠다는 의지를 분명히 했다. 스가 총리는 환경 산업을 일본의 미래를 짊어질 주력 성장 산업으로 만들겠다는 계획이다. 현재로선 일본이 조금 뒤처진 것이 사실이나, 아직은 기술 격차가 그리 크지 않아 투자를 본격화하면 승산이 있다는 판단이 선 것이다.[6]

스가 총리 연설 후, 일본 정부는 관련 정책을 쏟아 내고 있다. 탄소 배출량을 줄이는 제품 관련 설비 투자를 늘리는 기업에 대해 법인세 부담을 줄이고, 또 수소, 축전지, 탄소 재활용, 해상 풍력 발전 등 관련 연구에도 정부 예산을 지원하는 방안을 추진 중이다. 기업들의 움직임도 활발하다. 도시바는 화력 발전소 사업을 철수하는 대신 2022년까지 재생 에너지 관련 분야에 1,600억 엔 투자

6

계획을 내놓았다.

물론 탈탄소 기조를 모든 기업들이 환영하는 것은 아니다. 특히 일본 내 산업계 배출 탄소량의 절반가량을 배출하는 일본 철강 산업계는 당초 세웠던 '2100년 탄소 제로' 정책의 완료 시점을 50년이나 앞당겨야 하는 현실이 되었다. 기업의 부담은 고스란히 소비자에게 전달된다. 일본 중공업 연합체인 케이단렌의 나카니시 히로아키 회장은 '탈탄소의 당위성은 인정하지만 한두 기업의 노력만으로는 향후 30년 안에 달성하기 어려운 목표'라고 우려의 목소리를 냈다. 그러나 언론 및 정치계는 이 목표 달성을 위한 기업들의 참여를 강도 높게 요구하고 있는 상황이다.

일본에게 있어 탈탄소는 국제 공조라든가 희생이 아닌, 미래의 먹거리이다. 그래서 명분보다 실리를 선택해 최첨단 환경 기술로 경주를 시작했다. 미국과의 힘겨루기에 몰두한 중국보다 먼저 미래 환경 산업을 선점한다면, 어떤 분야에서든 중국에게는 지고 싶지 않은 일본의 오랜 염원을 이룰 수 있을지도 모른다.

또한 한국은 이런 일본의 행보를 눈여겨보아야 한다. 우리나라와 더불어 아시아에서 자유 민주주의와 자본주의를 제대로 실현하고 있는 유일한 나라이자 경제 대국인 일본이기에 그들의 탄소 정책은 향후 한국의 그린 뉴딜의 방향을 잡는 데 길잡이가 될 것이다.

제 7 장

K-방역, K-그린 뉴딜의
허상을 쫓는 진퇴양난 코리아

A Deadlier Pandemic Is Coming

원전은 엄청난 예산과 고도의 기술이 집적되었을 뿐 아니라 막대한 규모의 전력 생산으로 산업과 나라를 돌아가게 한 핵심 에너지다. 폐기하는 데에도 장기적인 계획을 가지고 차기 전력 수급의 균형을 맞추면서 해나가야 한다. 그런데 대통령이 '폐기하고 싶어 한다'는 이유 하나로 멀쩡한 원전을 폐기하고 10년도 못 쓸 석탄 발전으로 대체하는 근시안적인 결정을 하는 바람에 그로 인한 과도한 비용은 고스란히 국민에게 넘어가고 '탄소 감소 모범국'이었던 한국이 이제 기본 목표량도 달성하지 못해 국제 사회에 환경 세금을 물게 될 상황을 눈앞에 두고 있다.

앞에서 탄소 배출 문제에 관련한 미국, 중국, 일본의 동향을 살펴보았다. 이즈음에서 한국을 돌아보지 않을 수 없다. 바이든이 당선되고 파리 기후 협정으로의 복귀가 확실해지자 한국은 스가 총리가 탈탄소를 선언한 다음 날 곧바로 같은 내용의 공약을 내놓았다. 하지만 한국의 탈탄소 선언은 말만 번지르르한 빈껍데기에 불과했다.

매년 한국 경제를 전망하는 서울대 추격연구소의 '2021 한국 경제 대전망'에 따르면, 올해 한국 경제의 키워드는 '진퇴양난'이다. 한국은 현재 세 가지의 중요한 국내외적 요소로 인해 매우 어려운 상황에 놓여 있는데, 그중의 하나가 바로 외교적 진퇴양난, 미국과 중국의 눈치를 봐야 하는 어려움이다.

이런 상황 가운데 일본은 독자적 정치 노선을 가면서도 실속 있는 미래 먹거리를 챙기고 있다. 어떤 일이 있어도 중국에게만큼은 뒤질 수 없는 일본의 자존심의 결과다. 상황이 이쯤 되면 죽어도 일본에게만큼은 지고 싶지 않은 한국의 정부라고 할지라도 어쩔 수 없이 일본의 시행착오를 통해 한 수 배워야 하는 것은 아닐까.

2011년 원전 사고 직후 후쿠시마현은 2040년까지 모든 전력을 재생 에너지화 하겠다고 약속했다. 그러나 변화는 오랜 시간이 걸렸다. 변신은 더디기만 했다. 8년이 지난 2018년까지 후쿠시마현의 재생 에너지 공급 비율은 전체의 17%에 불과했다. 그나마 이

중 절반 가까이가 오래된 수력 발전으로 채워지고 있다.

재난의 불씨였고 일본 국가 전력의 4분의 1 이상을 차지했던 원자력의 가동이 중단되자, 그 빈자리를 풍력이나 태양 에너지 등 재생 에너지가 채운 것이 아니라 석탄과 천연가스가 차지했다. 게다가 다시 옛날로 돌아가서 원자력 발전을 통해 다시 20%의 전력을 충당하고 석탄의 발전 효율이 증가하기를 기대하고 있다. 그뿐만 아니라 앞으로 2030년 이전까지 22곳에 새로운 석탄 화력 발전소를 건설할 계획이다. 최근까지도 일본의 재생 에너지 비율은 전체의 4분의 1 미만이다. 유럽 국가 수준에 비하면 형편없이 뒤떨어진다.

이유는 있다. 일본은 인구가 조밀하고 산이 많아서 육지가 많은 나라보다 태양 에너지 설비나 풍력 발전 설비를 갖추는 데 더 많은 비용이 든다. 태양열과 육지 풍력 발전소 건설 비용이 평평하고 텅 빈 땅이 많은 곳보다 더 많이 든다. 지열 발전도 방법이지만 좋은 곳은 대부분 국립공원이나 개인 소유의 온천이 차지하고 있다.

국내 전력 산업의 구조도 문제가 있다. 일본에는 10개의 거대한 민간 전력 회사가 있다. 자체적으로는 안정된 전기를 생산하지만 정해진 구역만 공급한다. 정부의 전력 수급과 상관없이 돌아간다.

그래서 최근에 시행한 정책이 발전차액지원제도[7]다. 이들 전력 회사가 특정 형태의 재생 에너지를 비싼 값에 사들이도록 의무화한 것이다. 다른 나라에서는 이 정책이 투자자들을 태양열과 풍력으로 몰리게 했지만, 일본에서는 그마저도 쉽지가 않다.

정부는 고전을 면치 못하고 있지만, 일본의 거대 다국적 기업들은 정부의 목표치가 부끄러울 만큼 큰 규모와 빠른 일정으로 청정 에너지 전환을 서두르고 있다. 혁신 기술을 발판으로 하는 이들의 탈탄소 움직임은 상당히 중량감이 있다. 또한 방향성도 명확하다. 다양한 관련 정책과 기업들의 공감, 그리고 동참을 바탕으로 결국 늦지 않게 세계의 변화를 따라잡을 것으로 보인다.[8]

한국은 어떨까. 한국은 최근 원자로 폐기를 둘러싼 산자부 감사원 감사와 최고위급 각료들을 대상으로 한 검찰 조사가 진행 중이다. 핵심은 대통령의 탈원전 기조에 성급히 대응하느라 산자부 장관을 비롯한 관계자들이 경제성 평가 보고서를 조작하고 원전을 서둘러 폐기했다는 의혹에 관한 것이다.

---

7 신재생 에너지원으로 공급된 전력에 대해 생산 가격과 거래 가격 간의 차액을 정부의 전력산업기반기금으로 보전하는 제도.

8

에너지는 미래의 핵심 산업이자 국민의 일상과 안전에 직결된 중추 산업이다. 그런데 담당장관이, 원자로 하나 짓고 없애는 것을 마치 오래된 건물 하나 폐기 처분 하는 것처럼 말 한마디로 뒤집는 정황이 공개되면서 에너지 분야를 오랫동안 연구하고 관심을 가져 온 사람으로서 무척이나 안타까웠다.

세계 각국의 기후 변화 대응 노력을 조사하는 '기후변화대응지수CCPI'의 2020년 조사 보고서인 'CCPI 2020'을 보면, 한국은 61개 대상국 중 58위, 터키, 말레이시아, 이란보다도 더 심각한 '기후악당'급 성적표다.[9] 국민총생산 대비 에너지 소비량은 61개국 중에 가장 높은 반면에 이중 재생 에너지가 차지하는 비율로 본 순위는 중간 이하인 32위다. 이 보고서는 한국이 2019년에 비해 별로 나아진 것이 없으며, 2020년에도 탄소 배출 감축 목표를 달성하지 못할 것이라고 지적하고 있다. 하지만 환경과 녹색을 입버릇처럼 외치던 진보 인사들로 꽉 찬 현 정부의 경기 부양책에 '그린Green'은 보이지 않는다.

반면, 현 정부가 '그린 워싱'이라고 부르며 몹시도 비난하는 MB정부의 '녹색 성장'은 국제적으로도 인정받은 가치였다. 저탄소

[9]

에너지인 원자력을 중시하면서 재생 에너지를 키우려고 노력했다. 2012년 '환경 분야의 세계은행'이라는 유엔 녹색기후기금Green Climate Fund, UNGCF 사무국을 송도에 유치하는 데도 성공했다. 기후 변화 대응 강국 독일과 경합해 이긴 결과다.[10]

물론 현 정부가 재생 에너지 확충에 관심이 없는 것은 아닌 것 같다. 단지 재생 에너지를 어떻게 늘려 가야 하는지를 전혀 모르는 것 같다. 원전은 '대통령이 폐기하고 싶다고 해서' 당장 폐기할 수 있는 그런 에너지가 아니다. 오랜 기간에 걸쳐 엄청난 예산과 고도의 기술이 집적되었을 뿐 아니라 막대한 규모의 전력 생산으로 산업과 나라를 돌아가게 만들었던 핵심 에너지였던 만큼 이것을 폐기하는 데에도 장기적인 계획을 가지고 차기 전력 수급의 실행 과정과 맞추어서 무리 없이 교체해야만 한다. 그래야 그 중간 과정에서 발생하는 과도한 비용이 국민의 부담으로 돌아가는 것을 막을 수 있다.

그런데 단지 정치적인 이유로 멀쩡하게 돌아가는 원전을 폐기하고 이로 인해 생기는 전력 수급을 10년도 못 쓸 석탄 발전으로 대체하겠다는 이 근시안적인 결정으로 인해 '탄소 감소 모범국'이

10

자 '탄소 감소 수출국'이었던 한국이 이제 기본 목표량도 달성하지 못해 국제 사회에 환경 세금을 물게 될 상황을 눈앞에 두고 있다.

더구나 세계의 그린 뉴딜은 탄소 배출 3위의 주범인 산업용 에너지의 청정화를 촉구하고 있다. 이와 함께 한국의 주요 대기업들이 수백조 규모의 해외 수주 물량의 생산 공장을 해외에 건설하기 시작했다. 해외의 고객들이 생산 과정에서 사용되는 에너지를 '석탄'이 아닌 '청정에너지'를 사용하라고 요구하기 때문이다. 우리나라 미세먼지의 주범인 베이징 인근 허베이성의 '석탄 연료' 공장들도 발 빠르게 '청정 연료' 공장으로 변신하고 있다.

실제로 올해 초 '재생 에너지 전환의 경제적 유익'에 관한 과학적이고 매우 실제적인 연구 결과가 발표되어 세계적인 주목을 끌고 있다. 이 연구는 2017년 7월에 스탠포드 대학교 도시환경공학자 마크 제이콥슨Mark Z. Jacobson[11] 교수팀이 진행한 '세계 139개국을 대상으로 한 100% 청정 재생 에너지 로드맵[12]'을 기초로 하여, 국

[11]

'Impacts of Green-New-Deal Energy Plans on Grid Stability, Costs, Jobs, Health, and Climate in South Korea'

[12] 100% Clean and Renewable Wind, Water, and Sunlight All-Sector Energy Roadmaps for 139 Countries of the World

제환경단체인 그린피스와 UC버클리 대학이 추가적으로 공동 연구를 한 결과다.[13]

　그중에 한국에 관한 내용을 살펴보면,[14] 한국이 2050년까지 석탄, 석유 등 화석 에너지를 100% 재생 에너지로 전환할 경우 약 140만 개 이상의 일자리가 창출될 것이라고 추산했다. 재생 에너지 전환 예산은 약 1.9조 달러, 우리 돈으로 211조 원이 들겠지만, 그 이상의 수익으로 초기 투자 예산의 환수가 가능하며 국민들이 부담할 전기 등 에너지 비용도 43%가량 줄어들고 사회적 에너지 비용은 거의 80% 이상 줄어든다. 그뿐만이 아니다. 공기 오염으로 인한 사망자도 약 9,000명 이상 줄어 그로 인한 보건 비용도 110조 원 이상 아낄 수 있어서 국가적으로 볼 때 에너지, 보건, 환경 분야에서 절약할 수 있는 총금액은 약 800조 규모에 이른다.

　이런 미래를 보지 못한 채, 한국에서는 탄소 배출이 상대적으로 적고 전력 생산 효율이 높은, 멀쩡한 원전을 폐기하고 석탄을 연료

13

'Impacts of Green New Deal Energy Plans on Grid Stability, Costs, Jobs, Health, and Climate in 143 Countries'

14

로 하는 발전소를 짓겠다고 나선 것이다. 2020년 봄 안토니우 구테흐스_{António M.O. Guterres} 유엔 사무총장은 "코로나 방역을 선도하고 있는 한국에게 그린 뉴딜을 당부한다."라고 주문했다. 그때는 맞지만 지금은 틀린 말이다. 이미 K-방역에 실패한 한국이 그린 뉴딜마저도 실패할 것을 바라보는 안타까움이 느껴지는 말로 들린다. K-그린 뉴딜만큼은 성공하기를 바라는 마음이 간절하다.

5

안전하고 행복한
일상의
재건을 위하여

Attacks of Virus and Carbon
A Deadlier Pandemic Is Coming

제 1 장

|

세계 석학 12인이 말한다, 팬데믹과 인류의 미래

A Deadlier Pandemic Is Coming

팬데믹과 같은 초국가적 위협과 기후 변화를 이겨 내는 가장 바람직한 방법은 다른 사람들과 그들이 가진 역량의 중요성을 알고 존중하며 서로 협력하는 것이며 지금은 모든 나라가 기존의 '좁은 의미에서의 국익'이 아닌 다른 나라와의 공존을 감안한 '넓은 의미에서의 국익'을 추구해야 하는 시대다. 그런 면에서 세계 각국이 자국의 '국익과 안보에 대한 전략'의 기준을 새롭게 설정해야 한다.

미국 워싱턴에 소재한 저명한 정치외교전문지 〈Foreign Policy〉는 시대를 대표하는 12명의 석학들로부터 포스트 코로나 시대에 관한 예측을 들었다. 흥미롭게도 이들의 답은 국제 연대, 경제, 리더십의 세 가지 사안에 집중되었다.

국제 관계에 대해 답한 이들이 가장 많았는데, 먼저 미국 하버드 대학교 국제관계학 교수인 스티븐 월트Stephen M. Walt는 팬데믹으로 인해 단기적인 민족주의 강화 현상이 나타날 것이라고 내다보았다. 그는 각 국가들이 '덜 개방적이고 덜 번영하고 덜 자유롭지만' 안으로의 결속력을 다지는 반면에 각 국가 간 갈등이 심화될 것이라고 예견했다.

〈승리 이후After Victory〉와 〈제멋대로인 리바이어단Liberal Leviathan〉의 저자이자 프린스턴 대학의 정치 국제학 교수인 존 아이켄베리G. John Ikenberry는 과거로 결코 돌아갈 수 없는 '전혀 새로운 세상'이 올 것이라고 말한다. 민족주의자들과 반세계주의자들, 친중국파와 심지어 자유주의자 등 다양한 세력들이 이제까지 경험해 보지 못한 위축된 경제와 경직된 사회 속에서 자신만만했던 자신의 바닥을 보고 새로운 방향을 모색할 수밖에 없는 전환점이 되기를 기대했다.

외교 안보 분야의 세계적인 싱크 탱크 중의 하나인 영국 왕립 국제 문제 연구소 채텀하우스Chatham House 대표이사인 로빈 니블렛Robin Niblett 박사는 다음과 같은 흥미로운 표현으로 팬데믹 상황을 진단했다.

코로나바이러스 대유행은 경제적 세계화라는 거대한 낙타의 등을 꺾는 지푸라기일 수 있다. 이제, 코로나바이러스는 정부, 기업, 사회가 장기간의 경제적 분리에 대처하기 위한 역량을 강화하도록 강요하고 있다.

이런 맥락에서 국제 사회가 서로 공동의 이익을 위해 노력을 기울이지 않는다면 20세기에 확립된 세계 경제 거버넌스의 구조는 빠르게 무너질 것이라고 강조하면서 이를 위해서는 각국의 정치 지도자들이 국제 협력을 지속하고, 지정학적 과잉 경쟁으로 후퇴하지 않기 위해 엄청난 자기 훈련이 필요하다고 조언했다.

아이켄베리 교수는 미국의 대공황 이후에 그랬던 것처럼, 세계는 이전까지 서로가 서로에게 얼마나 가까웠는지를 깨닫는 동시에 인류 사회가 전염병에 얼마나 취약한지를 다시 한 번 깨닫게 될 것이라고 말했다. 그러므로 당분간은 민족주의, 큰 정부로의 선회, 그리고 많은 분야에서의 분열과 격리가 일어나겠지만, 장기적으로는 민주 국가들이 새로운 유형의 실용적인 길을 도모하게 될 것이라고 말했다.

인도 아쇼카 대학의 초빙교수이자 전 국가안보보좌관이었던 국제 정세 전문가인 시브산카르 메논Shivshankar Menon은 세 가지에 대해 언급했는데, 그중에 '팬데믹을 통해 인류가 서로에게 얼마나 서로

의존하고 있는가를 깨닫게 될 것'이라는 말에 큰 공감을 얻었다. 메논 교수는 '미국이나 몇몇 선진국이 코로나 확진자 제로가 되었다고 해서 안심할 수는 없기 때문'이라고 말하면서 번영 일로를 달려오던 인류는 더 가난해지고 조금은 더 어려운 세상으로 가겠지만, 이제야말로 그동안 꾸준히 진행해 온 글로벌 구호의 역량을 총동원해서 모두가 함께 서로를 살리면서 가야만 한다고 강조했다.

팬데믹으로 인해 가시적으로 가장 큰 타격을 입게 된 경제의 향방에 대한 의미 있는 언급도 많았다. 먼저 세계적인 보건 전문가이자 퓰리처상을 받은 저널리스트인 로리 개럿Laurie Garrett은 글로벌 경제의 극적인 재편이 이루어질 것이라고 예견했다. 생존이 중요해지면 불필요한 것들은 모두 사라지게 되어 있기 때문에 기업들이 단기적으로는 어려움을 겪겠지만, 전체적인 시스템은 더욱 탄력적으로 변할 것으로 내다보았다.

중남미 연구의 국제적인 전문가이자 〈불가분의 두 나라: 멕시코, 미국 그리고 도로 전방〉의 저자인 섀넌 K 오닐Shannon K. O'Neil의 예견은 향후 국제 유통망에 집중됐다. 오닐은 글로벌 시대에 자국의 이익만을 챙기려고 했던 거대 수출국들의 글로벌 공급망이 불가피하게 재편될 것이며, 그로 인해 수익은 낮지만 좀 더 안전한 구조의 새로운 국제 유통이 이루어질 것이라고 예견했다.

한국 전문가로도 널리 알려져 있는 국제 외교 전문가 리차드 하스Richard N. Hass는 국제 경제의 디커플링Decoupling 현상에 주목하고 있다. 디커플링이란 한 나라의 경제가 세계 경제의 흐름과 비슷하게 흘러가는 커플링Coupling의 반대말로 팬데믹으로 인해 국경이 잠정적으로 폐쇄되는 상황에서 국제 시장의 흐름과는 상관없이 독자적인 경제 흐름을 보이는 현상을 말한다. 이는 '좁은 의미에서의 자국의 국익과 안전'을 도모하려는 움직임에서 시작된 가족 중심, 선택적인 자급자족, 그리고 이민자 수용 거부 등의 현상과 함께 팬데믹은 물론 기후 변화 등의 글로벌 이슈에 국제 연대를 통해 문제를 해결하려는 의지가 감소된다. 유럽 연합이 분열된다거나 중미 관계의 악화, 세계 공중 보건 거버넌스의 혼란 등의 보다 큰 문제를 야기할 수 있다는 점에서 디커플링의 위협에 대처해야 한다고 말한다.

리더십에 대해 가장 흥미로운 예견을 한 이는 싱가포르 국립 대학 아시아 연구소의 키쇼어 마부바니Kishore Mahbubani다. 그는 미국 독주의 글로벌 리더십의 시대는 지나갔으며 중국이 부상할 것으로 보았다. 중국은 지난 세기의 실패를 통해 더 이상의 국제적 고립에는 미래가 없음을 뼈저리게 깨닫고 각고의 노력 끝에 최근 엄청난 성과와 발전을 이루었다. 그뿐만 아니라 팬데믹을 계기로 국제적 문제에 더욱 적극적으로 참여하고 있다. 그래서 앞으로의 중국은 국제 사회에서 그 어느 때보다도 경쟁력 있고 강력한 가능성을 자랑하며 왕성하게 활동할 것이라고 말했다.

중국의 부상의 결정적인 요인이 된 것은 미국의 리더십 실패에 기인한다. 이에 관해 가장 목소리를 높인 이는 영국 국제 전략 연구소 부소장이자 국제 문제 전문가인 코리 샤케Kori Schake 박사다. 그는 맹렬하게 트럼프의 리더십 실패를 비난했다. 특히 지금 같은 팬데믹 시대에 자국의 이익에만 몰두한 트럼프 정부 때문에 세계는 더욱 위태로워졌고 외로워졌으며 미래가 불투명해졌다고 안타까워했다.

그런 면에서 미국 내 국제·안보 정책의 변화를 촉구한 이는 베스트셀러 〈도덕이 중요한가_루스벨트로부터 트럼프까지 역대 대통령의 외교정책〉의 저자이자 하버드 대학교의 교수인 조셉 나이Joseph S. Nye다. 특히 그는 '미국이 아무리 강대국이라고 해도 독자적으로는 나라의 안보를 지킬 수 없다'고 지적하며 한 나라가 실수로 방출할 수 있는 병원균, AI 시스템, 컴퓨터 바이러스, 방사능이 국가 안보에 엄청난 영향을 미칠 수 있다고 말했다.

그러므로 팬데믹과 같은 초국가적 위협과 기후 변화에 대해, 다른 사람들과 그들이 가진 역량의 중요성을 알고 존중하며 서로 협

력하는 것이며 모든 나라가 기존의 '좁은 의미에서의 국익'이 아
닌 다른 나라와의 공존을 감안한 '넓은 의미에서의 국익'을 추구
해야 하는 시대임을 강조했다. 그런 면에서 미국의 '국익과 안보에
대한 전략'을 새롭게 설정해야 한다는 것이 조셉 나이의 주장이다.

나토사령관으로 아프가니스탄에 주둔했던 4성 장군이자 국제
분쟁 전문가인 존 앨런John Allen은 팬데믹으로 인한 제3세계의 불안
정 역시 고려해야 할 국제 리더십의 중요한 요인이라고 말한다. 앨
런은 갑작스럽고 전면적인 경제적 압박이 계속되는 동안 가난한
노동자의 힘에 의지해 온 취약한 경제 구조를 가진 개발 도상국
들에게 엄청난 도전이 될 것이며 필연적으로 사회적 불안과 광범
위한 갈등이 일어날 것을 염려했다. 그 과정에서 그럴싸하게 포장
되었던 거짓 '국제 관계'와 거기서 파생된 '허울뿐인 명분'들은 모
두 정체를 드러내고 사라지게 될 것이며, 결국에는 진정한 리더십
인, 진실과 진정한 자유를 보장하는 리더십이 승리할 것이라고 기
대했다.[1]

마지막으로 미국 국무부 관료 출신인 하버드 케네디 행정대학
원 니콜라스 번즈Nicholas Burns는 위대한 시민의 힘을 재발견하게 될

1

것이라고 말하며, 시민의 힘이야말로 인류를 향한 이 엄청난 공격에 대응해서 인류가 또 한 번 생존할 수 있는 희망이라고 강조했다. 실제로 미국과 중국이 계속해서 누구의 책임이 더 큰가를 놓고 설전을 벌이고 유럽 통합이 5억 인구에게 제때에 필요한 가이드라인을 주지 못해 우왕좌왕하고 있는 와중에 모든 나라에서 의사와 간호사, 그리고 인내와 배려, 효율성과 리더십을 보여 주는 평범한 시민들이 인간 정신의 힘을 보여 주었다.

제2장

유발 하라리의 경고,
정부가 아닌 시민의 힘으로

A Deadlier Pandemic Is Coming

유발 하라리는 지금 우리의 일상이 정상이 아니라는 사실을 강조한다. 그리고 지금 우리는 매우 빠르고 신속하게 우리 앞에 놓인 두 가지 질문에 대해 선택하고 결정하고 행동해야 한다고 말한다. 첫 번째는 '전체주의 감시냐, 시민 권한 부여이냐' 하는 것과 두 번째로 '민족주의적 고립으로 갈 것인가, 아니면 글로벌 연대를 선택할 것인가'이다.

작년 봄 유발 하라리Yuval Noah Harari가 예견한 대로 인류는 단 1년 만에 이전에는 살아 보지 못한 낯선 시스템으로 이동했다. 코로나라는 타임머신을 타고 순간 이동을 해서 다른 세상에 온 듯한 상황이 벌어지고 있는 것이다.

세상에는 지금 처음 보는 풍경들로 가득하다. 평소에는 '임시용' 이었던 많은 것들이 삶의 고정물이 되고, 몇 년간의 숙고가 필요한 일들이 단 몇 시간 안에 결정되고 실행됐다. 1년이 조금 지난 5월 말 현재 약 1.7억의 인구가 코로나에 감염됐고, 그중에 3.5백만 명이 목숨을 잃었다.[2] 평균 10년이 걸리는 백신 개발이 1년 안에 이루어졌고 그 덕분에 벌써 7억 명에게 백신이 전달되었지만, 브라질과 세계 곳곳에서 여전히 코로나 집단 감염 사태가 벌어지고 있다.

하지만 유발 하라리는 지금 우리의 일상이 정상이 아니라는 사실을 거듭 강조한다. 그리고 지금 우리는 매우 빠르고 신속하게 우리 앞에 놓인 두 가지 질문에 대해 선택하고 결정하고 행동해야 한다고 말한다. 첫 번째는 '전체주의 감시냐, 시민 권한 부여이냐' 하는 것과 두 번째로 '민족주의적 고립으로 갈 것인가, 아니면 글로벌 연대를 선택할 것인가'이다.

특별히 그는 팬데믹과 함께 만연되고 있는 전체주의 경향을 염려하고 있다. 전염병을 막기 위해서라는 이유로 많은 정부들이 시민들의 힘을 믿지 않고 손쉬운 감시 시스템을 남발하고 있다는 것이다. 실제로 지금은 인류 역사상 처음으로 기술을 활용해 모든 사람을 24시간 감시하는 게 가능한 세상이 됐다. 50년 전만 해도 꿈도 꿀 수 없었던 일이다. 지금 각국 정부는 유비쿼터스 센서와 강력한 알고리즘으로 국민의 일거수일투족을 앉아서 편안하게 볼 수 있다.

이미 중국을 비롯한 아시아의 몇몇 나라들은 첨단 감시 도구를 배치한 것으로 알려져 있는데, 이들 정부는 국민들의 스마트폰을 감시하고 얼굴 인식 카메라로 모든 사람들의 체온과 건강 상태를 확인하도록 의무화했다. 유발 하라리는 자신의 조국인 이스라엘 정부도 같은 선택을 했다고 말한다. 이스라엘 총리 베냐민 네타냐후는 최근 이스라엘 보안국이 테러리스트들을 대상으로 사용하던 첨단 감시 기술을 코로나 환자들에게 사용하도록 승인했다. 네타냐후 총리는 국회가 이 조치의 승인을 거부하자 '비상령'을 발동해서 강행 처리한 바 있다.

유발 하라리는 이것을 '피부 위over the skin' 감시에서 '피부 밑under the skin'으로의 전환이라고 부른다. 팬데믹 이전에는 정부의 이런 요구를 당연히 거부했을 국민들이 지금은 마치 순한 양처럼 받아들이고 있다. 그 덕에 정부는 지금까지 거부당해 온 감시 도구의 배치를 아주 쉽게 정당화하고 있다.

더 심각한 것은 국민들 중 누구도 어떻게 감시를 받고 있는지, 그 결과가 앞으로의 삶에 어떤 영향을 미칠지 정확하게 알지 못한다는 것이다. 우리가 무심히 내준 정보들은 그것을 수집한 곳이 피부 속이든 피부 위든 상관없이 정부의 알고리즘에 의해 저장되고 분석되어 어느 순간 정부는 우리 자신보다 우리를 더 잘 알게 될 것이고, 그들 중 누군가가 악의를 가지고 우리를 조종하거나 우리에 관한 정보를 누군가에게 팔 수 있다.

임시 조치이니 비상사태가 끝나면 사라질 것이라고 스스로를 위안하고 싶겠지만, 임시 상황은 수시로 생겨난다. 그래서 한 번 뿌리를 내린 '손쉬운 임시 조치'들은 웬만해서는 사라지지 않는다. 코로나로 인한 감염자가 제로 상태가 되더라도 정보에 목마른 일부 정부가 향후의 필요성을 위해서 이 생체 감시 시스템을 유지할 필요가 있다며 국민을 설득하려고 시도할 수도 있다는 점에 주목한다. 그리고 건강과 사생활 중 무엇을 선택하겠느냐고 물을 수도 있다고 말한다.

하지만 유발 하라리는 사생활이냐, 건강이냐를 선택하라는 이 자체가 문제의 본질이라고 지적한다. 왜냐하면 그것은 선택의 문제가 아니기 때문이다. 자유 민주주의 국가에 사는 이들에게 그 두 가지는 당연한 권리이며 그들은 양쪽 모두를 누릴 권리가 있기 때문이다. 또한 전체주의적 감시 체제에 의해서가 아니라, 시민의 힘을 강화하는 방향의 선택을 함으로써 코로나바이러스를 종식하고, 건강을 지킬 수 있다고 강조한다. 중앙 집권화된 감시와 가혹한 처벌만이 사람들이 규칙을 준수하게 만드는 방안이 아니라 시민들에게 과학적 사실을 말해 주고 그들이 정부 당국을 신뢰할 때, 시민들은 빅 브라더가 없더라도 그들이 해야 할 올바른 일을 실천한다. 동기부여와 정보를 충분히 수용한 대중은 그 대중을 무시한 어떤 정책보다 파워풀하며 효과적이라고 유발 하라리는 지적한다.

그럼에도 불구하고 무책임한 정치인들은 팬데믹을 기회로 삼아 권위주의로 가려고 할 수도 있다. 하지만 감시 체제를 구축하기보다는 과학, 공공 기관, 언론에 대한 국민의 신뢰를 회복하는 데 주력해야 한다. 모두의 안전을 위해 시민들은 기꺼이 자신의 체온과 혈압을 감시하는 것에 동의할 것이다. 그러나 그중 누구도 자신의 정보가 강력한 정부를 만드는 데 사용되는 것은 원하지 않을 것이다.

그러므로 그 어느 때보다도 시민 연대가 절실히 필요한 때이자 시민권의 시험 무대다. 앞으로 시민들은 근거 없는 음모론과 자기 잇속만 차리는 정치인들보다 과학 데이터와 의료 전문가를 신뢰하는 선택을 해야 한다. 만약 우리가 올바른 선택을 하지 못한다면, 우리는 이것이 우리의 건강을 보호할 수 있는 유일한 방법이라고 생각하면서 가장 소중한 자유를 누군가에게 주어 버리는 결과가 될지도 모른다.

두 번째 문제는 민족주의적인 고립인가, 아니면 국제 사회와의 연대인가이다. 코로나와 같은 전염병은 절대 특정한 한 나라의 문제로 끝나지 않는다. 병균은 빠르게 지구의 어디든 갈 수 있다. 그러므로 국제적인 '정보 공유'가 가장 중요하다. 그리고 이 공유 능력은 은밀한 공격으로 사람을 치명적인 상태로 몰아가는 바이러스를 이길 수 있는 가장 강력한 무기 중의 하나다. 아침에 미국에서 발견한 정보는 저녁에 유럽의 어느 나라에서 많은 생명을 구할 수 있다.

그러나 이런 일이 일어나려면 글로벌 협력과 신뢰의 정신이 필요하다. 정보 공유뿐만 아니라 의료 장비, 특히 테스트 키트와 호흡기를 생산하고 보급하기 위한 세계적인 노력이 필요하다. 모든 나라는 국내에서 그것을 쓰려고 비축하는 대신 당장 그 장비가 필요한 가난한 다른 나라에 기꺼이 보내야만 한다. 위기 상황에서 가장 빨리 추락하는 경제를 위해서도 글로벌 협력은 절대적으로 필요하다. 오늘날 국제 무역과 유통의 밀접성을 고려할 때, 한 정부가 다른 정부를 완전히 무시하고 독단적인 행동을 할 때, 그 결과로 오는 혼란과 위기에서 누구도 안전할 수 없다.

그럼에도 불구하고 현재 국가들은 이런 것들을 거의 하지 않는다. 집단 감염이 국제 사회를 일시에 근시안으로 만들어 버린 것 같다. 특히 미국 트럼프 행정부는 위기 상황에서 국제적 리더로서의 의무를 포기했다. 인류의 미래보다 미국의 위대함에 훨씬 더 신경을 쓴다는 것을 노골적으로 드러냈다. 트럼프 행정부는 최측근인 우방마저 버렸다. EU로부터의 모든 여행자 입국을 금지할 때 사전 상의는커녕 임박한 사전 통보에 그쳤다. 게다가 독일의 한 제약회사의 백신 전체를 사전에 독점해서 독일과 유럽 국가들의 공분을 샀다.

유발 하라리는 이런 모든 약점과 불리한 상황에도 불구하고 '위기는 기회'라고 목소리를 높였다. 흔들리는 국제 리더십을 보면서 이 전대미문의 전염병이 인류에게 글로벌 단절로 인해 야기되는 심각한 위험을 깨닫는 데 도움이 될 것이라고 말한다. 그리고 인류에게 분열의 길을 갈 것인가, 아니면 글로벌 연대의 길을 갈 것인가를 선택하라고 촉구한다.

제3장

텍사스와 캘리포니아의 상반된 코로나 정책이 의미하는 것

A Deadlier Pandemic Is Coming

아무리 팬데믹 상황이라고 하지만 매일 모든 뉴스에 대통령과 정부의 인사들이 등장해 정부의 조치를 발표하는 나라가 민주주의 국가일까? 기업, 종교, 학교에서 이루어지는 감동적인 위기 관리 이야기들은 전혀 알려지지 않은 채, 정부의 발표와 예능, 드라마, 코미디로 뒤덮인 방송과 언론은 '당신들은 생각할 필요가 없어. 생각은 정부가 할게.'라고 말하는 것 같다. 코로나 방역 절대주의로 국민 한 사람 한 사람의 소중한 삶과 생각의 자유, 창의적인 삶의 의지를 제한하고 통제하려는 지금의 상황에 국민은 의문이 많다.

미국에서 인구가 가장 많은 주를 꼽으라고 하면 1, 2위를 다투는 곳이 바로 캘리포니아주와 텍사스주이다. 미국 인구의 20%가 바로 이곳에 살고 있다. 그래서 캘리포니아주와 텍사스주의 미국인들이 얼마나 건강한가가 미국 전체의 건강의 기준을 말해 주는 지표로 여겨진다. 그런데 캘리포니아는 강력한 민주당지지 지역이고, 텍사스는 공화당의 성지다. 그래서 이 2곳의 백신 정책은 곧 미국 내 진보와 보수의 백신 정책을 알 수 있는 거울과도 같다.

이 2개의 주는 대조적인 방역 정책을 채택했다. 다른 주도 정치적 성향에 따라 비슷한 양상을 보이고 있다. 바로 이 점이 미국 안에서 코로나와 관련된 사회 봉쇄, 경제적 피해 및 바이러스 확산 가운데서 가장 이상적인 절충점을 찾는 것이 얼마나 어려운지를 말해 준다.

텍사스는 공공 보건 대책에 대해 보다 가벼운 접근법을 택했다. 지난해 주지사 그렉 애벗은 마스크 강제 조항에 대해서 민첩하지 않았을 뿐 아니라 더 엄격한 제재를 해야 한다고 하는 요구에 그다지 귀를 기울이지 않았다. 물론 지역 감염을 막기 위한 통제 조치를 취하긴 했지만, 트럼프 정부가 제시한 기간보다 훨씬 더 빨리 사회 봉쇄를 풀었다. 상대적으로 이 지역 시장은 다른 주보다 타격을 많이 입지 않았다.

이와는 대조적으로 캘리포니아는 가장 먼저 피난처 설치에 나섰고, 미국 내에서 가장 강력한 코로나 지침을 실행에 옮겼다. 야외 식당에서 식사하는 것을 금지했을 뿐 아니라 가정 배달도 금했다. 개빈 뉴섬 캘리포니아 주지사는 올 1월 말에야 가정에서 배달을 할 수 있도록 허락했고, 이와 관련된 기업들의 불만과 소송이 지금도 계속되고 있다.

학교 봉쇄에서도 2곳은 아주 극적인 차이를 보이고 있다. 캘리포니아의 공립 학교는 여전히 원격 수업을 받고 있는 반면에 텍사스는 작년 가을부터 다시 학교를 열어 아이들이 통학을 시작했다.

그런데 아주 재미있는 일이 벌어졌다. 이 2개 주의 변화를 관찰한 클레어몬트 맥케나 대학의 교수이자 〈텍사스 대 캘리포니아Texas vs. California〉라는 책의 저자인 케네스 밀러Keneth Miller는 팬데믹에 전혀 다른 방식으로 대응한 결과에 그리 큰 차이가 없다고 평가했다.

실제로 지난 5월 말 미국 질병통제예방센터CDC의 통계를 보면, 텍사스의 10만 명당 사망률은 172명, 캘리포니아는 10만 명당 156명이다. 분명 텍사스 사망률이 더 높기는 한데, 미국 내 평균이 10만 명당 177명인 점을 감안하면 생각보다 크지 않다는 게 미국 내 여론이다. 오히려 캘리포니아는 이 결과를 위해 엄청난 희생을 치르고 있을 뿐 아니라 지역 주민들은 장기간의 강력한 방역 조치로 인해 정신적·경제적으로 엄청난 고통을 겪으며 심각한 절망감에 빠져 있다고 케네스 밀러는 지적한다. 미 언론은 캘리포니아의 막무가내 방역을 코로나 절대주의라고 조롱했다.

물론 텍사스가 캘리포니아보다 경기가 더 좋았다는 통계는 없지만, 캘리포니아 주민들보다는 좀 더 자율적으로 상황에 대처하고 있는 것만은 분명하다. 그리고 그 결과가 그리 나쁘지 않다는 것이다. 무엇보다 캘리포니아는 끝이 보이지 않는 봉쇄를 견뎌낸 보람도 없이 최근 사망률이 치솟고 있다.

이 통계를 보면서 과연 코로나를 막기 위해 사회를 봉쇄하는 게 최선일까 하는 강한 의문을 품지 않을 수 없다. 한국은, 지난 설 명절에 가족끼리도 5명 이상은 모일 수 없는 해괴한 명절을 보내야 했다. 그리고 언론은 계속해서 사람들이 모여서 코로나 확진자가 늘고 있다고 말하지만 과연 그게 사실일까? 사람들의 만남과 아이들의 통학을 막고 심지어 코로나로 인해 그 어느 때보다도 가족이 소중해진 이 시기에 가족들을 만나지 못하게 하는 현 한국 정부의 조치들이 과연 최선이었는지 묻고 싶다.

사람들이 가장 밀집해 있는 지하철에서 확진자가 발생했다는 이야기가 없듯이, 참가자들이 모두 마스크를 착용했던 광화문 집회에서 확진자가 나올 확률이 거의 없다고 나는 확신한다. 이 두 가지는 사람들이 밀집한 상황이 결정적인 원인은 아닐 수 있다는 증거이다. 그런데 왜 한국 정부는 방역 수칙을 지켰느냐 안 지켰느냐에 초점을 두지 않고, 유독 '사람들의 모임'에만 초점을 두고 와해시키려고 애쓰는 걸까 몹시도 궁금했다.

텍사스와 캘리포니아에서 일어난 일을 보면 의구심은 더 커진다. 케네스 밀러는 봉쇄 조치는 사람들이 용인할 수 있는 정도의 선을 유지해야 한다고 말한다. 대부분의 공중 보건 전문가들은 텍사스가 너무 빨리 사회 봉쇄 조치를 풀었기 때문에 사망자가 늘어났다고 생각했지만, 캘리포니아에서 발생한 겨울철 확진자 및 사망자들은 대부분 야외 식사 모임까지 제한한 강력한 봉쇄 조치하에서 상대적으로 늘어난 실내 모임에서 발생했다는 사실에 당황했다.

이에 관해서 스탠퍼드 대학교 의과대학의 제이 바타차랴Jay Bhatta charya 교수는 '트롤다운 역학 정책'이라는 표현을 사용했다. 좀 어렵게 들리는 이 표현을 쉽게 풀이하자면, '강력한 사회 봉쇄 조치는, 가정에서 일할 수 있는 부유한 사람들에게는 안전한 정책이지만, 이민자 등 가난한 사람들에게는 위험이 더욱 가중되는 불리한 정책'이라는 뜻이다.

실제로 캘리포니아의 사망자들은 주로 부유한 화이트칼라 노동자들이 비운 건물이나 사업장에서 대신 계속해서 일해야 했던 노동자들로, 그들은 사회 봉쇄 조치 속에서도 생계를 위해 일해야 했기 때문에 그 자신과 가족들을 코로나로부터 지킬 수 없었던 것이다.

우리나라에서도 비슷한 일이 벌어지고 있다. 사회 봉쇄의 안전성과 편리함은 전문직, 대기업 종사자들에게는 별반 피해가 없었던 반면에 이런 상황에서도 사람들과 접촉하면서 수익을 내야 하는 소상공인과 유통업체 사람들은 아예 폐업 상황이 되거나 반대로 업무가 더욱 가중되면서 자신의 몸을 돌보지 못한 상황에서 생계를 위해 무슨 일이든 닥치는 대로 해야 하는 상황이 됐다. 더구나 유통업계는 집단 감염의 희생자가 되어 사회 지탄의 대상이 되기도 했다.

과연 누구를 위한 사회 봉쇄였는지 궁금하다. 무지한 부동산 정책으로 돌이킬 수 없는 파국을 만들어 낸 '현 정부의 무능력'함은 코로나 상황 속에서 다소 위험해 보이기까지 한다. 아무리 팬데믹 상황이라고 하지만 매일 모든 뉴스에 대통령과 정부의 인사들이 등장해 정부의 조치를 발표하는 나라가 민주주의 국가일까? 이 상황에 민간이나 국민들이 할 수 있는 일은 정말 없는 걸까? 기업, 종교, 학교에서 이루어지는 감동적인 위기 관리 이야기들은 전혀 알려지지 않는 언론이 과연 자유 민주주의 국가의 언론일까? 정부의 발표 외에는 대부분 예능과 드라마, 코미디로 뒤덮인 후진적 방송과 언론은 "당신들은 생각할 필요가 없어. 생각은 정부가 할게."라고 말하는 것 같다. 코로나 방역 절대주의로 국민 한 사람 한 사람의 소중한 삶과 생각의 자유, 창의적인 삶의 의지를 제한하고 통제하려는 지금의 상황에 국민은 의문이 많다.

캘리포니아가 강력한 사회 봉쇄 조치를 시행하고 있던 지난 11월, 개빈 뉴섬 주지사는 그 자신도 스트레스가 많이 쌓였던지 지인들과 함께 캘리포니아에서 가장 비싼 식당에 모여 식사를 했다가 들통이 났다. 시민들은 이를 좌시하지 않았고, 결국 과도하게 시민들의 자유를 제한하고 과도한 희생을 강요해 왔던 주지사 개빈 뉴섬은 자리에서 쫓겨날 위기에 처해 있다. 최근 실시한 여론 조사에서 뉴섬의 지지도는 65%에서 54%로 급락하였으며 주지사 사퇴라는 리콜의 압력에도 시달리고 있다.[3]

한국 정부는 어떤가. 정부는 물론 정부의 대변인이 아닌가 착각이 들 정도인 질병통제본부는 계속해서 확진자의 등락이 국민들의

3

안전 의식 부재에 직결되어 있는 것처럼, 오롯이 국민들에게만 부담을 떠넘기고 있다. 올해와 내년 봄에 있는 총선과 대선 때까지 이런 식으로 국민의 생각과 발을 꽁꽁 묶어, 힘을 뺄 심산은 아닐까.

민주주의의 위대함은 다양성과 자유에서 나온다. 그래서 반민주주의 세력들은 가장 먼저 민주주의 사회의 다양성을 공격한다. 물론 코로나와의 전쟁에서 우리는 이겨야 한다. 그래서 백신 접종이 시작된다고 해도 한동안은 자신과 서로의 안전을 위해 인내하고 희생해야 한다. 하지만 코로나 때문에 이 나라의 뿌리인 민주주의가 훼손되는 것을 간과해서는 안 된다. 사회의 다양성과 개인의 자유라는 민주주의 두 가지 원칙을 위협하고 무력화하는 집단이 있다면, 힘을 합해서 경계하고 맞서야 한다.

국민이 '정치적 성격이 농후한' 조치임을 알면서도 동참한 것은 정권의 숨은 야욕을 몰라서가 아니라는 점을 정부는 기억해야 한다. 진정으로 안전하고 발전적인 나라의 미래를 만들어 나가기 위해 국민은 언제라도, 코로나 방역의 공을 자신의 공이라고 생각하는 정부, 국민의 안전을 정권이나 선거의 도구로 겁 없이 휘두르는 정권에 대해 냉정하게 심판함으로써, 대한민국의 평화와 번영의 조건인 민주주의를 지켜낼 것이라는 사실 앞에 두려움을 느끼게 해야 한다. 지난 서울 시장과 부산 시장의 선거 결과처럼 말이다. 그것이 지금 대한민국 앞에 당면한, 그리고 반드시 이겨야 할 진짜 전쟁이다.

제4장

자유 민주주의 국가에 전체주의
심는 전자 감시에 저항하라

A Deadlier Pandemic Is Coming

한국의 주민 등록 제도는 전 세계에서 가장 강력한 디지털 시스템을 통해 운영되고 있다. 사실 우리의 민주주의는 '자유'를 기반으로 하는 것이다. 그러므로 개인의 정보 공개는 철저하게 개인의 결정에 따라야만 한다. 그런데 코로나 상황과 함께 이 원칙이 정권에 의해 마치 당연한 것처럼 무너졌다. 정부는 지금 누구든지 이 시스템으로 시시각각 개인의 삶을 관찰할 수 있고, 우리는 이유도 모르고 사생활이 노출된 채로 감시당할 수 있다. 이게 얼마나 무시무시한 상황인지 알아야만 한다.

요즘 한국에서는 어딜 가나 QR코드를 찍는 것이 일반화되고 있다. 코로나 확산을 막고 그 이동 경로를 파악한다는 이유로 말이다. 팬데믹의 위기 상황 속에서 모두의 안전을 위해 국민들이 솔선수범

하여 지키고 있는 이 QR코드, 유독 한국인이 가장 모범적으로 지키고 있다는 사실을 아는 사람은 그리 많지 않다.

영국이나 미국과 같은 오랜 자유 민주주의 선도국들은 국가가 국민의 사생활을 염탐하는 것을 강력하게 반대해 왔고 팬데믹 상황하에서도 예외는 없다. 좀 엉뚱하기는 하지만 기본에 충실한 정치인이라고 알려진 보리스 존슨 영국 총리는 자신의 상관이 신분증을 보여 달라고 요구하면 '신분증을 씹어 먹어 버리겠다'고 공언한 바 있다.

그런데 팬데믹과 함께 디지털로 된 신분증을 제시해야 하는 상황이 늘고 있다. 물론 이런 전자 시스템은 위기 상황에 놓인 국민이 정부의 시스템에 접근하는 것을 도와준다는 면도 있다. 지금 같은 팬데믹 상황에서는 확진자의 이동 경로를 밝혀서 다른 국민을 보호할 수도 있다.

그런데 아이러니하게도 이 좋은 제도가 유독 민주주의 국가가 아닌 전체주의 국가에서 일찍부터 발달했다. 전 국민을 상대로 디지털 신분증을 만드는 것은 어려울 뿐 아니라 엄청난 비용이 든다. 그런데 세계 최빈곤국 중의 하나인 인도가 일찍부터 이 제도를 출범시켰다. 아드하르Aadhaar라는 생체 인식 시스템을 통해 13억 명이나 되는 전체 인구의 디지털 인식 시스템을 운영하고 있는데, 여기에 등록되지 않은 인도 국민은 의료 서비스나 각종 복지 서비스를 받지 못해 불편함을 겪을 수밖에 없다. 디지털 주민 등록제는 분명 좋은 면이 있지만, 복지와 행정 처리의 편리성을 위해 출발한 이 막대한 정보가 결코 국민을 위해서만 사용될지는 의문이다.

중국도 디지털 유전자 정보에 관심이 많다. 많다 못해 비밀리에 국민들의 동의 없이 유전자 정보를 수집하다가 들통이 났다. 얼마 전 중국 정부가 범죄 해결을 위해 수백만 명의 남성으로부터 DNA를 수집하려는 중국의 비밀 작전을 폭로한 보고서가 국제 사회에 충격을 던졌다. 중국 관영 매체들이 중국 정부의 DNA 데이터베이스 구축 의도를 보도하기 시작한 것은 이미 2017년부터이다. 그런데 최근 이 의도의 구체적인 작전의 규모와 핵심 내용이 호주 캔버라에 위치한 호주전략정책연구소ASPI에 의해 공개됐다. 이 연구소가 지난 6월에 공개한 내용에 따르면,[4] 중국은 몇 년 동안 전국의 남성들과 청소년 수백만 명의 DNA를 무단으로 수집해 왔으며, 7천만 명의 유전자 프로파일을 수집하고 저장해서 7억 명에 이르는 남성 중국인의 유전적 연관성을 파악해 남성 범죄자들을 추적하는 데 활용할 계획이었다고 한다. 참 끔찍한 소식이 아닐 수 없다.

4

물론 중국 국가 과학 수사대가 작성한 이 보고서에는 이 조사가 위기 상황이 닥쳤을 때 야기될 수 있는 사회 혼란을 보다 효율적으로 통제하기 위해 필요하다고 설명했지만, 과학자들과 인권 운동가들은 범죄 경력이 없는 일반 국민들의 유전자 정보를 정부가 무단으로 수집하는 것은 전례 없는 인권 유린이라고 비난하고 있다.

중국은 이미 오래전부터 범죄에 연루되거나 유죄 판결을 받은 사람들의 DNA에 대한 엄청난 규모의 데이터베이스를 갖고 있다. 특히 법의학생리학자 등 일부 연구자들은 중국 관리들이 Y-STR 데이터만 분류하는 이유에 대해 강한 의혹을 갖고 있는데, Y-STR는 남성의 Y염색체상의 STR를 말하는데, 돌연변이가 아니라면 같은 성씨일 경우 Y-STR 염기서열이 일치하기 때문에 부계 혈통 확인용으로 주로 사용된다.

중국 정부가 확보한 이 유전자 정보들은 과거 중국의 강력한 '한 자녀 갖기' 법을 어기고 많은 자녀를 낳은 부부를 찾거나 정치범으로 의심되는 사람들의 가족이나 친척을 추적해서 처벌하는 등, 순수 수사 목적 이외의 비인권적인 목적으로 활용될 수 있기 때문이다. 중국의 체제 유지를 위한 인권 탄압에 대해서는 익히 알려져 왔지만, 이번 팬데믹을 계기로 공공연하게 DNA 수집을 계속할 가능성이 높아 국제 사회의 의혹이 커져 가고 있다.

로마 사피엔자 대학교의 법의학 유전학자 풀비오 크루시아니 Fulvio Cruciani는 중국이 분석 비용이 싸고 활용이 편리하며 중국 전역에 있는 수백 개의 범죄 연구소에서 분석이 가능한 Y-STR 데이터로 무슨 일을 할지 모른다며 강한 의혹을 내비쳤다. 브라질 미나스 제라이스 연방대학교의 진화생물학자인 파브리오 산토스Fabricio Santos와 다른 과학자들도 '중국 관리들은 그들이 원하기만 한다면 미래에 더욱 상세한 분석을 수행하기 위해 DNA 샘플을 고이 보관하고 있을 것'이라고 단언했다.

한국의 시스템도 그리 개운치는 않다. 한국의 주민 등록 제도는 전 세계에서 가장 강력한 디지털 시스템을 통해 운영되고 있다. 사실 우리의 민주주의는 '자유'를 기반으로 하는 것이다. 그러므로 서구 민주주의 국가처럼 개인의 정보 공개는 철저하게 개인의 결정에 따라야만 한다.

그런데 코로나 상황과 함께 이 원칙이 정권에 의해 마치 당연한 것처럼 무너졌다. 지금 미국에서 살고 있는 나는 한국에 입국할 때마다 코로나 환자가 아님에도 2주간 자가 격리를 해야 하는데, 하루에 평균 2번 정도 공무원이 전화를 한다. 등록된 전화기로부터 일정 거리 이상 이동하면 즉각 경고가 날아올 뿐 아니라, 몇 시간 동안 책을 읽거나 원고를 쓰느라고 전화기를 사용하지 않아도 경고가 날아온다. 전화기를 들고 계속 집 안에서 왔다 갔다 하라는 건지, 정말 이해가 되질 않았다. 무엇보다 이렇게 매 순간 누군가가 나를 감시할 수 있는 이 시스템에 완전히 질리고 말았다. 한번은 전화가 와서 받았더니 '혹시 정신적으로 이상을 느끼지는 않느냐'고 물었다. 그래서 당신의 전화 때문에 미칠 거 같다고 말했다. 이 숨 막히는 시스템에 갇힐 때마다 서울이 아닌 평양에 있는 듯한 착각이 들 정도다.

그런데 이 시스템은 단순히 격리자에게만 가능한 것이 아니라는 사실을 알아야만 한다. 정부는 지금 누구든지 이 시스템으로 시시각각 개인의 삶을 관찰할 수 있고, 우리는 이유도 모르고 사생활이 노출된 채로 감시당할 수 있다. 누군가가 이런 상황을 정치적으로 악용한다면 단번에 한국은 자유 민주주의 국가가 아닌 사회주의 국가나 전체주의 국가로 가는 것이다. 아주 순식간이다. 이게 얼마나 무시무시한 상황인지 알아야만 한다.

역사적으로 볼 때 팬데믹 때마다 사회주의와 전체주의가 놀랍게 성장한다. 그렇게 자리 잡은 사회주의와 전체주의의 뿌리는 쉽게 사라지지도 않는다. 생존에 대한 위기의식에 사로잡힌 개인들은 누군가가 자신의 귀에 믿고 싶은 말을 해주면 쉽게 믿고 속아 넘어가기 때문이다. 자신의 자유가 송두리째 사라지는 것도 모르고 말이다. 전자 감시 시스템은 명백한 개인 자유의 침해이다. 그리고 성숙한 민주주의로 가는 길을 끊어 버리는 위험한 전체주의의 신호이다. 우리의 역사 속에서도 위기를 자초한 건 언제나 정치였고, 그 위기는 언제나 국민의 자발적인 각성과 깨우침을 통해 해결됐다.

이 코로나 위기도 마찬가지이다. 과학자들이 입을 열게 하고 정확한 사실에 근거하여 국민들을 설득하며 국민 스스로가 누군가의 감시가 없어도, 스스로의 선택에 의해 나와 공동체를 지켜 내는 '자유 민주주의 시민'으로 성숙해 나갈 수 있도록 도와야 한다. 그럼에도 불구하고 디지털 전자 감시 시스템을 통해 국민을 강제적인 감시와 처벌이 없이는 아무것도 할 수 없는 '우민'처럼 취급하고 있는 것은 아닌지, 냉정한 시각으로 바라볼 필요가 있다.

제5장

바이든의 리더십,
석유 산업과의 전쟁

A Deadlier Pandemic Is Coming

우리나라 역시 북한에서 열심히 만들고 있는 핵무기보다 더러워진 공기와 물 그리고 충분히 공급받지 못하는 에너지가 더욱 개인의 삶을 위태롭게 하는 환경 위기 시대에 이미 접어들었다. 장기적 안목 없이 그냥 이론만으로 작성된 한국의 그린 뉴딜이, 굶주린 정객들만 배 불리는 국가적 낭비가 되는 것은 아닌지, 그래서 그것이 개인의 안전과 국가적 안보를 위협하는 부메랑이 되어 돌아오는 것은 아닌지, 모두가 감시해야 한다.

바이든 대통령은 2035년까지는 전력망의 탄소 제로화를, 2050년까지는 경제 분야의 탄소 제로화를 달성하겠다고 약속했다. 물론 2조 달러 규모의 재생 에너지 정책을 실행하는 데에는 아직 시간이 걸리겠지만, 그는 이미 중요한 관련 행정 명령에 사인했다.

가장 이슈가 되고 있는 두 가지가 석유 관련 기업에게 지급하던 막대한 보조금을 없앤다는 것과 오바마 행정부 때부터 끌어오던 키스톤Keystone 원유 송수관 추가 건설 허가를 취소한다는 것이다. 이 두 가지는 모두 오바마 정부가 허가를 해주지 않았거나 금지한 것을 트럼프 정부 때 허가를 해 주었는데 이걸 다시 뒤집은 것이다. 이것 때문에 지금 미국 산업계가 시끌벅적하다.

먼저 석유 산업 쪽 이야기부터 살펴보자. 트럼프 행정부의 방식대로 화석 연료 생산을 늘리면 결국에는 늘린 만큼 기후 재앙 시대에 더 많은 비용을 물게 된다. 그런데 바이든의 석유 산업에 대한 강력한 규제 조치에 미국 국가경제위원회NEC의 래리 커들로 국장이 의미심장한 발언을 해서 세상을 놀라게 했다. 그는 바이든 대통령을 가리켜 '소비, 세금, 규제, 이민, 화석 연료, 그리고 다른 문화에 대한 그의 행동을 비춰볼 때 그는 아마도 미국 역사상 가장 좌파적인 대통령일 수 있다'고 말하면서 기후 대응에 관한 그의 에너지 정책은 미국의 에너지 분야를 통째로 파괴할 수도 있다고 언성을 높였다. 그런데 이게 아주 근거가 없는 이야기는 아니다.

물론 화석 연료의 폐해는 갈수록 커져 가고 있다. 작년 한 해만 해도 화석 연료가 발생시킨 오염 물질들로 인해 전 세계적으로 약 450만 명이 사망했고, 매일 평균 9조 원 규모의 경제적 가치가 관런 비용으로 지출되고 있다. 미국 역시 기후 온난화로 인해 천문학적인 재정적·인적 대가를 치러야만 했다. 작년 한 해 미국 안에서만 기후 온난화로 인한 홍수, 태풍, 화재 등 22건의 치명적인 피해를 입었고 그 피해액은 200억 달러, 우리 돈으로 20조 원을 넘어섰다. 이런 상황임에도 불구하고 미국에게 화석 연료와의 결별이 어려운 이유는 사실 다른 데 있다.

미국과 화석 연료는 건국 이후 흥망성쇠를 함께해 온 끈끈한 사이이다. 이 이야기를 하니까 1970년대 미국 영화 〈자이언트〉에서 반항아 제임스 딘James Dean이 텍사스의 사막 한가운데서 자신이 채취한 석유를 뒤집어쓰고 호쾌하게 웃던 모습이 떠오른다. 미국에 있어 석유는 100년 넘게 유럽에 종속되어 있는 미국 경제를 독립할 수 있도록 해 주었을 뿐 아니라 에너지 문제로 아랍이나 러시아의 에너지 협박으로부터도 안전할 수 있게 해준 신의 선물이다.

그래서 미국 정부는 이들 산업에 막대한 보조금을 지원해 주었고, 이와 함께 눈부시게 성장했다. 미국의 석유·석탄 산업은 백인 사회의 오랜 특권이었고, 이들은 대를 이어 보수 정객들의 든든한 후원자가 되어 주었다.

그래서 미국에서의 화석 연료 퇴출 문제는 보수 정권과 백인을 중심으로 한 전통 산업을 송두리째 뽑아 버리자는 뉘앙스로 들리기도 한다. 실제로 화석 연료 산업은 미국 정부의 막대한 보조금과 전적인 특혜를 통해 성장해 왔기 때문에 정부의 보조금이 없이는 당장 문을 닫아야 하는 회사들이 절반이나 된다.

그런데 월스트리트 저널의 추산에 따르면, 2012년부터 2017년까지 이른바 환경 대통령인 오바마 정부 시절 내내 30대 석유 회사들이 우리 돈으로 500조 이상의 경영 손실을 냈다고 한다. 무디스는 더 재미있는 데이터를 폭로했다. 2015년부터 2016년까지 미국 기업 중에 정부 채무를 제대로 갚지 않은 회사 중 91%가 석유와 가스 회사였다고 한다.

이런 상황 속에서 만일 바이든 정부가 강력한 재생 에너지 정책을 밀고 나갈 경우, 이들 석유 관련 업체들은 제2의 금융 위기를 맞을 위험이 상당히 높다. 실제로 세계 최대 석유 탐사 회사인 엑손 모빌은 지난해 부채로 주식 시장에서 밀려났고, 정부의 저탄소 정책을 완강히 거부하다가 투자자들을 잃었다. 그 후 엑손 모빌은 창사 40년 만에 처음으로 매출 손실을 기록했다.

두 번째 이슈가 바로 키스톤 송유관 확장 건이다. 이 사업은 오바마 정부 때부터 미국에서 가장 뜨거운 환경 이슈이기도 하다. 키스톤 송유관은 캐나다 알버타주에 묻힌 엄청난 타르 모래를 미국 내 전역으로 공급하기 위해 건설된 송유관인데, 버락 오바마는 부정적인 환경 영향이 클 것으로 판단해 필요한 허가를 내주지 않았다. 그런데 트럼프 대통령이 허가해 주었던 것이다.

타르 모래를 채취해서 우리가 쓰는 석유와 다른 석유 상품을 만드는 과정은 원유로 하는 것보다 상당히 많은 공정이 필요하고, 그 과정에서 원유보다 약 3배나 되는 탄소를 발생시키는 것으로 알려져 있다. 이 산업이 시작될 경우 적어도 연간 1억 7,830만 톤의 온실가스를 추가로 배출하게 되는데, 이는 승용차 3,850만 대, 석탄 화력 발전소 45개에서 뿜어내는 양과 맞먹는 막대한 양이다.

게다가 막대한 양의 타르 모래가 묻혀 있는 이 보렐Boreal 숲 자체가 엄청난 양의 탄소를 흡수할 뿐 아니라 수많은 야생 동식물의 안식처이기도 한 중요한 생태 자원이다. 이것을 다 밀어내고 그 밑에 있는 타르 모래를 채취한다는 것 자체만으로도 환경적으로 문제가 심각한데, 거기서 끝나는 게 아니다.

타르 모래는 일반 석유보다 더 끈끈하고 부식성이 강해서 수송 도중에 유출 사건이 심심치 않게 발생한 바 있다. 게다가 트럼프 정부가 허가해 준 추가 건설 송수관은, 환경적으로 민감한 지역을 가로질러 간다는 게 환경 전문가들의 주장이다. 수백 개의 강과 하천을 지나면서 미국 농업용수의 30%와 수백만 명분의 식수를 오염시킬 것이라고 우려해 왔다.

오랫동안 이 사업을 반대해 온 미국의 대표적인 환경 보호 단체 NRDC를 비롯해 많은 기후 과학자들 그리고 그들 중 한 사람인 NASA 출신의 제임스 핸슨은 "캐나다의 타르 모래를 파내는 것은 한마디로 게임 오버나 다름없다."라고 경고하며 그냥 땅에 묻어 두는 것이 최선이라고 말한다.

미국 환경 전문가들의 오랜 숙원이었던 키스톤 송유관 확장 사업을 철회시킨 바이든은 화석 연료와의 손을 놓고 재생 에너지와 함께 새로운 미국을 건설하겠다는 의지를 강력하게 보이고 있다.

그런데 바이든이 갈 길도 그리 순탄해 보이지는 않는다. 사실 지난 10년간 천연가스 값은 거의 폭락 수준이다. 그에 반해 전기 요금은 친환경 에너지 초기 투자 비용으로 인해 계속 오르고 있다. 이런 상황에서 전력 수급을 재생 에너지로 전환한다면 미국의 전기료는 하늘로 치솟는 로켓처럼 높아질 것이라고 업계와 언론들은 걱정하고 있다.

실제로 미국보다 앞서 재생 에너지로 전환을 시작한 독일 역시 만만치 않은 문제를 안고 있다. 독일은 2000년부터 재생 에너지로 전환하기 시작해서, 2019년에는 태양광, 풍력, 바이오매스, 수력 발전을 통해서 전체 전력의 46%를 생산하고 있고, 2030년까지 전체 에너지 생산의 65%까지 끌어올릴 계획이다. 이 과정에서 안 그래도 비싼 독일의 전기 요금은 2배로 올랐고, 국민들은 에너지 안전에 대한 불안감과 경제적인 문제를 겪고 있다.

미국도 예외가 아니다. FOX 텔레비전은 수천만 명의 미국인들이 에너지 빈곤 속에서 기본적인 에너지 수요를 감당하기 위해 어려움을 겪고 있다고 보도했다. 미국인들 가운데 약 2천5백만 명이 비싼 전기료 때문에 식사비나 치료비를 줄인 경험이 있다고 한다. 적어도 천만 명의 미국인들은 전기료가 비싸서 건강에 지장이 있을 만큼 난방비를 아끼며 살고 있다고 한다.

바이든 행정부 안에서도 회의가 없지 않다. 케리Kerry 기후특사는 미국이 완벽한 탄소 제로를 이룬다고 해도 지구상의 탄소는 줄어들지 않는다는 점을 지적했다. 이웃 나라 캐나다 왕립 은행 헬리마 크로프트Helima Croft 상무도 '미국이 외부 국가에 에너지 지배를 당하게 되면 러시아가 덕을 보게 될 것'이라고 우려의 목소리를 냈다. 그뿐만 아니라 가장 싸고 깨끗한 석유를 생산하는 사우디아라비아, 아랍 에미리트, 쿠웨이트 같은 중동 산유국들은 미국으로 인해 호재를 맞게 될 뿐 아니라 몇 년 안에 다시 세계 에너지 시장을 좌지우지하며 미국 안보에 적신호로 돌아올 것이라고 크로프트는 경고했다.

실제로 지난 5년 사이, 트럼프 행정부는 화석 연료에 대한 규제 완화 조치를 시행한 결과, 1950년대 이후 처음으로 천연가스 등 에너지 순수출국이 되었다. 그 덕분에 2020년 봄만 해도 미국은 35년 만에 처음으로 사우디아라비아에서 원유를 한 통도 수입하지 않았고, 이런 에너지 자립을 통해 트럼프 행정부는 러시아 석유 회사 로스네프트가 베네수엘라 마두로 정권을 지원한 것에 대해 제재를 가할 수 있었다.

지금 미국을 치열한 내전으로 몰아 가고 있는 에너지는 지난 200년간 지구상의 주요 전쟁의 가장 핵심적인 원인이기도 했다. 그래서 역대 최악의 좌파 대통령이라는 낙인이 찍힌 바이든, 그의 환경 정책이 실패로 돌아갈 경우 잘못하면 보수파로부터 미국의 안보를 위협한 위험인물로 몰릴 가능성도 없지 않다.

우리나라 역시 북한에서 열심히 만들고 있는 핵무기보다 더러워진 공기와 물과 그로 인해 터져 나오는 급성 감염병 그리고 충분히 공급받지 못하는 에너지가 더욱 개인의 삶을 위태롭게 하는 환경 위기 시대에 이미 접어들었다. 장기적 안목 없이 그냥 이론만으로 그려지고 실행되고 있는 한국의 그린 뉴딜이, 미래를 볼 줄 모르는 굶주린 정객들만 배불리는 국가적 낭비가 되는 것은 아닌지, 그래서 그것이 개인의 안전과 국가적 안보를 위협하는 부메랑이 되어 돌아오는 것은 아닌지, 모두가 감시해야 한다.

기후 온난화 시대, 환경 이슈는 단순히 깨끗한 공기, 맑은 물을 마시며 필요한 만큼의 에너지를 확보하자는 차원의 문제가 아닌, 정치와 안보의 문제이다. 환경은 오늘, 그리고 내일은 더욱더 치열한 정치 이슈가 될 것이고, 우리 삶의 방식을 결정하게 될 것이다.

제6장

포스트 코로나 글로벌 리더십 1
: 파리 시장 이달고Hidalgo의 결단

A Deadlier Pandemic Is Coming

심각한 위기 상황에서 가장 절실히 필요한 것은 리더십이다. 포스트 코로나와 함께 탈세계화가 시작되고 국가 단위의 리더십이 중요해지면서, 정권을 유지하기 위한 위험한 권력들이 세계 도처에서 등장하고 있다. 팬데믹보다 더 위험한 리더십이다. 이런 상황에서 국민들이 해야 할 일은 두려움에 사로잡혀 리더십에 무조건 의지하는 것이 아니라 용기를 가지고 국가의 리더십이 참으로 공공의 유익과 국민의 행복을 위해 일하는 리더십인지를 분별해야만 한다. 그래서 위기 상황을 통해 반드시 배워야 하는 것이 리더십에 관한 공부이다.

오늘날의 국제 연합, 즉 유엔을 탄생시킨 영국 수상 윈스턴 처칠과 프랭클린 루스벨트 대통령의 일화는 국제 리더십의 이상형으로 널리 알려져 왔다.[5] 1945년, 일본의 진주만 침공이 있은 지 불과 몇 주 되지 않았던 어느 날, 미국을 방문한 처칠에게 새벽에 잠옷 바람으로 달려가 '새로운 세계 안보 기구가 될 조직 이름을 생각해 냈다'고 말했던 루스벨트의 일화는 그가 치열한 제2차 대전의 한복판에서 이미 국제 평화 질서를 고민하고 있었음을 말해 준다.

비록 유엔은 루스벨트가 사망한 뒤에야 최종 설립이 확정되었지만, 그의 뒤를 이어 국제 연합 설치 헌장에 사인을 한 날, 미국 대통령 해리 트루먼은 '오늘은 인류 역사에 위대한 날로 기록될 것'이라고 선언했다. 심각해진 냉전 시대에 유엔의 존재를 의심하는 이들도 많았으나, 2대 사무총장인 다크 함마르셸드는 '인류를 천국으로 데려가기 위해서가 아니라 지옥에서 구하기 위해' 존재한다는 선언과 함께 지구촌 분쟁의 해결사로서의 유엔의 존재를 명확히 했다.

유엔이 탄생한 이래 지금까지 세계 대전은 다시 일어나지 않았다. 전신인 국제 연맹과는 달리 유엔은 200개국 가까운 회원국을 확보했고, 평화를 원하는 모든 나라가 가입하기 원하는 세계 안보

5

중심으로 우뚝 섰다. 지구촌의 평화를 염원했던 루스벨트의 위대한 리더십을 다시 돌아보게 한다.

코로나라는 새로운 적을 맞은 지구촌에 팬데믹 리더십은 과연 존재하는가. 그동안 세계 질서를 주도해 온 미국은 국제 위기 가운데 통합적인 국제적 연대와 대응을 이끌어 내는 대신 중국을 비난하는 데 몰두한 트럼프와 함께 국제 리더십을 붕괴 직전까지 몰고 갔다.

하지만 글로벌 리더십이 흔들리기 시작한 것은 단순히 미국 때문도, 어제오늘의 일도 아니다. 지구촌의 최대 강대국 중 하나인 러시아는 우크라이나를 침공했고, 중국은 남중국해의 분쟁 지역을 점령했다. 심지어 2003년 미국은 영국과 함께 유엔 안보리의 인준 없이 이라크를 침공했다. 트럼프는 버락 오바마가 탁월한 리더십으로 쌓아 올린 기후 변화의 탑을 파리 협정에서 탈퇴하는 것으로 단번에 무너뜨렸다.

과연 오늘날, 유엔의 글로벌 리더십은 존재하는가. 팬데믹과 같은 큰 덩어리의 문제들은 국제적인 협력을 필요로 한다. 이번 전염병이 강력하게 보여 주고 있는 것과 같다. 백신 개발과 보급, 경제 회복 그리고 가장 취약한 나라들을 지원하기 위해 협력해야 한다. 또한 어느 나라도 스스로 해결할 수 없는 또 다른 과제인 기후 변화에 대한 공동의 노력도 필요하다. 이 와중에도 핵 확산 위험 은 더욱 커지고 있다.

다행히도 유엔은 여전히 영향력을 인정받고 있다. 르완다와 스레브레니차(보스니아)에서의 대량 학살을 막지 못하는 과오도 있다. 유엔 평화 유지군은 아이티에 콜레라를 가져왔고, 그들이 보호해야 할 많은 장소들에 성적 학대를 가했다. 유엔의 이라크 석유-식량 프로그램은 18억 달러의 신용 사기로 이어졌다. 그러나 2020년 에델만 트러스트 바로미터에 따르면, 유엔은 어떤 국가 정부보다 신뢰받고 있다. 지난해 32개국을 대상으로 한 설문조사에서, 61%가 유엔에 대해 우호적인 의견을 보였다. 그것은 과소평가되어서는 안 될 최종적인 힘이다.

미국의 귀환이 그 어느 때보다 반갑다. 지난 몇 년간 실망스러운 모습을 보이긴 했지만, 미국은 여전히 그 어떤 경쟁국들보다 하드와 소프트 파워에서 더 큰 영향력을 가진 강력한 경제 국가로 남아 있다. 다시 자유주의 세계 질서의 표준 주자가 될 수 있다. 바이든 대통령 당선은 그 가능성을 더욱 높이고 있다. 바이든 대통령은 최근에 열린 뮌헨 안보 회의에서 '미국은 다시 돌아올 것'이라고 장담했다.

코로나 사태는 유엔의 최대 당면 과제다. 유엔은 현재의 위기를 타개하면서 미래에 대한 계획을 세워야만 한다. 1945년 루스벨트와 처칠이 보여준 리더십이야말로 오늘날의 팬데믹 상황이 요구하는 것이다.

이 와중에 주목을 끌고 있는 한 여성이 있다. 바로 파리 시장 이달고이다.[6] 프랑스의 '트럼프'라고 불러도 무색할 마크롱을 바라보는 프랑스 국민의 착잡한 마음이 '녹색'과 '연대', '건강'을 핵심으로 하는 파리 시장 안 이달고Anne Hidalgo 의 리더십에 안도의 미소를 지었다.

재선에 성공한 그녀는 시정 플랜 발표를 통해서 인류를 위협하는 위기에 맞서기 위해서는 사회적 정의와 환경 보호를 모든 정책의 중심에 두어야 한다는 사실을 강조했다. 이 말은 경제적 효율성을 이유로 생태 보존을 포기하지 않겠다는 의지의 표명이기도 하다. 도시가 생태적으로 회복되는 만큼 우리의 건강도 지킬 수 있으며, 이 노선을 바탕으로 한 그녀의 실질적이고 미래 지향적인 '파리를 위한 선언Le manifeste pour Paris '은 그린 뉴딜을 외치면서도 이렇다 할 방법을 찾지 못하고 있는 한국 정부가 주목해야 할 부분이다. 중요

6

한 것 몇 가지를 살펴본다.

파리 전역 운행 속도 30km/h 제한

초선 시장 시절에도 이달고는 강력한 녹색 시장의 행보를 걸었다. 도시에서 차를 몰고 다니는 이들에게 그녀는 거의 '마녀'처럼 각인됐다. 그녀는 꾸준히 파리 시내의 자동차 도로를 축소시키는 한편 자전거 도로와 보행로를 넓혀 왔다. 시민들은 투덜대면서도 언제나 그녀를 시장 후보 1위로 꼽는 데 주저하지 않았다. 당장은 불편하지만 도시를 살리고 자신이 사는 길이라는 것을 알기 때문이다.

팬데믹 상황 이후, 파리시는 더욱 자동차와의 전쟁을 가속화했다. 그녀는 외곽 순환 도로와 일부 초대형 도로를 제외한 전체 파리 시내의 주행 속도를 30km/h로 묶어 버렸다. 속도가 줄어들면 여러 가지 이점이 있다. 우선 사고가 줄어들고 대중교통 이용이 늘어나기 때문에 온실가스 배출과 도시 소음이 줄어든다. 상대적으로 공기는 맑아진다. 실제로 코로나로 인한 이동 통제 기간 동안 파리 시내 소음은 90%나 줄었다. 시민들은 새소리를 들으며 잠을 깰 수 있었고, 밤사이에도 더 깊고 편안하게 숙면을 취할 수 있었다. 파리시는 속도뿐 아니라 소음 측정기까지 동원해 과도한 소음과 공해를 방출하는 운전자에게 벌금을 부과한다. 디젤차는 2024

년까지 전면 퇴출할 계획이다.

3대 건설 계획 백지화, 제3의 숲 조성
도시 계획은 첨예한 정치 이해관계가 부딪히는 전쟁터다. 좌파 정치인들은 더 많은 사회 임대 주택의 건설을 원하고, 신자유주의 신봉자들은 더 상업화된 도시를 만들기 위해 대형 빌딩 건설을 원한다. 현재 유럽의 가장 강력한 정치 세력인 녹색당은 '더 이상의 콘크리트는 절대 반대'를 내세웠다. 이달고 시장은 그들의 제안을 수용해서 예정되어 있던 3대 대형 건설 프로젝트를 백지화하고 파리에 있는 불로뉴, 뱅센 숲에 이어, 세 번째 숲을 조성하기로 했다. 또한 모든 신설 주택들은 건물 안에 반드시 녹지 공간을 확보할 뿐 아니라 건축 자재 또한 생태 친화적 건물 조성을 위해 규정된 친환경 재료를 사용해야 하며, 신축은 강력 규제, 친환경적 리모델링을 장려할 방침이다.

주차장 면적 절반 축소, 도시 전체를 정원으로
앞으로 6년 동안 파리 시내 주차장은 절반으로 줄어들 예정이다. 먼저 파리 시내 300개 학교 주변의 주차장부터 폐쇄하고 그 자리엔 보행자 도로와 17만 그루의 나무가 등장한다. 자동차와 마주치지 않고 도시를 가로지를 수 있도록, 나무와 꽃들이 도심을 채우게 되는 것이다. 파리 전역을 오직 자전거로만 이동할 수 있도록, 자전거 전용 도로를 도시 전체로 확대하는 프로젝트도 함께 진행된다.

동시에 도시 전체 공공장소에서 과다한 소비를 조장하는 디지털 광고판이 퇴출된다. 하지만 파리시 재정의 한 축을 구성하는 광고비 예산을 포기할 수 없어 사회 윤리적으로 가장 문제가 되는 광고를 우선적으로 몰아내고 동시에 성차별적이고 반환경적인 광고도 사라질 예정이다.

에어비앤비 주택으로 공공 임대 사업 확대

프랑스는 미국 다음으로 큰 에어비앤비 시장이다. 인구 200만 도시의 파리에서 7만 개에 이르는 집들이 에어비앤비 목록에 올라 있다. 그 바람에 이방인들로 북적거리기 시작한 도심은 주민들의 주거 환경을 심각하게 위협했다. 이달고 시장은 파리 내 에어비앤비 찬반을 묻는 시민 투표를 한 적이 있다. 그러던 중 팬데믹이 시작되면서 도심은 다시 주민들에게 돌아왔다. 심각한 경기 침체로 에어비앤비 소유주들이 사업을 포기하기 시작한 것이다. 파리시는 향후 6년간, 우리 돈으로 약 26조 원을 투입해 이 주택들을 사들여서 저렴한 비용으로 시민들에게 월세를 놓기로 했다. 2025년까지는 서민들을 위한 사회 임대 주택의 비율을 25%까지 올리고 정기 수입이 없는 예술가들을 위한 집세 보증 지원을 시작한다. 사회 임대 주택도 건설이 아니라, 기존의 사무실이나 주거 건물을 사들여

리모델링하는 것을 원칙으로 한다.

파리 시민의 식량 주권 확보

파리시는 또 다른 보건 위기에 대비해, 파리 시내와 파리 외곽 지역 농가의 유기 농산물 공급 체계를 통해 식량 주권을 확보하기로 했다. 프랑스의 식량 자급률은 130%를 상회하지만, 파리를 포함한 수도권 지역의 자급률은 현재 10%에 불과하다. 하지만 수도권 면적의 49%가 농지이기 때문에 자급률을 높일 가능성은 있다. 또한 2012년부터 확산된 도심 내 공공건물 옥상 농장을 확대하고 14,000제곱미터에 이르는 유럽 최대 규모의 옥상 농장 파리 엑스포 포르트 드 베르사유Porte de Versailles를 비롯해, 2,000제곱미터의 오페라 바스티유 옥상 농장이 성공적으로 정착했다.

대안 가축 사육도 지원할 계획이다. 동물로부터 인간에게 옮겨지는 인수 전염병을 예방하기 위해서는 가축들에게 안전하고 건강한 환경을 조성해 주는 것이 급선무라는 것이 이달고 시장의 생각이다. 또한 전 세계 온실가스 배출의 16%가 축산 과정에서 배출되므로, 육식을 축소하고 채식이 최대한 다양하게 공급될 수 있도록 학교 급식을 비롯한 모든 공공 기관의 급식소 식단을 바꿀 계획이다. 건강한 식재료가 직거래될 수 있는 사회적 기업 형태의 유기농 유통망의 확대도 도울 계획이다.

새로운 시민 연대의 창조

코로나로 인한 사회적 거리두기 기간 동안 각 지역에서 자발적으로 만들어졌던 시민들의 상부상조 행동과 모임을 정례화하고 시 차원에서 체계적으로 지원하기 위해 20개 구마다 '연대 센터 Fabrique de la solidarité'를 설치하여 더 이상 우연한 선의가 아닌 이웃 공동체 안에서 낙오되는 시민이 없도록 지역 공동체를 활성화하겠다는 의지다.

더불어 콘크리트에 깔린 세느강의 지류인 라 비예브르강의 복원 작업도 시작된다. 그녀는 코로나 팬데믹이 주는 교훈을 명확하게 직시하고 발 빠르게 뚜렷한 방향성을 가지고 움직이는, 탁월한 리더십을 보이고 있다.

"기후 위기에 맞서 싸우는 것은 공중 보건을 지키기 위한 투쟁인 동시에 사회적 정의를 위한 일이기도 하다. 기후 위기와 생태 다양성의 붕괴는 바로 시민들의 건강에 극적인 결과로 이어지기 때문이다. 작금의 역병이 주는 위기는 불평등을 증폭시킨다. 탄소 배출에 가장 덜 책임을 지닌 사람들이 가장 심각하게 이러한 위기에 노출되고 고통을 겪는다. 이 시기를 가장 현명하게 극복하는 방법은 연대의 힘이 작동할 수 있도록 뒷받침하는 것이다."

불평등과 기후, 생태계는 하나로 연결된 문제라는 의식을 바탕으로 이달고의 리더십은 공해와 소음의 도시로 전락한 파리시와 시민들을 선두적인 그린 뉴딜의 길로 이끌어 가고 있다. 프랑스 언론은 말과 행동, 어제의 발표와 오늘의 행동의 간격이 큰 마크롱 리더십을 비교하고 있지만, 한국의 언론과 국민들의 눈은 선진국에서 따온 그럴싸한 플래카드만 내건 속 빈 강정과 같은 한국의 코로나 리더십으로 눈길을 돌려야 하지 않을까.

작년 봄 한 뉴스 칼럼이 예리한 칼끝처럼 아프게 다가왔다. '망해 가는 국가에 대한 편견'[7]이라는 제목의 글이었다. '정치와 언론이 국가를 망하는 길로 이끌고 있다'고 전제한 이 글에서 글쓴이는 '국민의 수준이 이토록 낮아진' 이유가 '정부가 자기 수준에 민도를 맞추고 있기' 때문이라고 지적했다. 오랜만에 들어 보는, 촌철살인의 속 시원한 표현이자, 씁쓸한 한국의 현실이었다.

최근 한 지인과의 대화에서 '이 정부가 들어선 이후 역사를 소재로 한 콘텐츠가 완전히 자취를 감추었다'는 사실을 알게 됐다. 그러고 보니 드라마도, 영화도, 최근까지 인기리에 재방송되던 공영방송의 역사 다큐멘터리도 소리 소문 없이 사라졌다. 지난 정부의

[7]

블랙리스트는 소수의 문화인들이었는데, 이번 정부의 블랙리스트는 이 민족의 유구한 역사인가 싶을 정도다.

그렇다. 지금 한국은 미래를 두려워하지 않는다. 과거에서 지혜를 찾는 대신, 과반수가 넘는 일당 독재의 체제하에서 얻게 된 힘으로 그들은 지금 자기편이 만들지 않은 모든 것을 깨부수는 길을 걷고 있다. 정권이란 한번 맛을 들이면 결코 돌아 나올 수 없는 길임을 그들이 깨부수는 역사를 통해서 알 법도 한데, 도무지 돌아올 기미가 보이지 않으니 이미 중독이 되어 버린 것은 아닐까 걱정이 된다.

독재에 필요한 것은 '엔터테인먼트'다. 그들을 청와대와 국회로 보내준 젊은이들이 책을 읽는 것은 위험한 일이다. '자기 정체성'으로 '자기 생각'을 하기 때문이다. 그래서 이 정부가 출범하면서 역사와 함께 사라진 또 하나는, 김포 공항이나 제주 공항 등 한국의 관문과 각 시도 지방 터미널 근처에 있던 간이 서점이다.

언론과 정치는 지금 아주 쉬운 방법으로 국민을 쓰레기로 만들고 있다고 개탄하는 이 칼럼니스트의 말에 깊이 공감한다. 정부는 이 국민이 원래 절대 쓰레기가 아니라는 사실을 두려워해야 한다. 그들이 미래를 보지 않고 권력에 취해 국민을 쓰레기로 보기 시작한다면, 언젠가 그들은 국민이 행사하는 주권 앞에, 또한 엄위한 역사의 기록 속에 쓰레기 집단으로 기록될 테니 말이다.

제 7 장

포스트 코로나 글로벌 리더십 2
: 과학자여, 일어나라

A Deadlier Pandemic Is Coming

팬데믹은 단 한 번도 정치적 솔루션에 의해 해결되거나 종식된 적이 없다. 오히려 정치적 방만함이 국민을 우민화하고 무분별한 방종을 조장해서 결국 위기를 불러오는 경우가 더 많았다. 그럼에도 '사회적 거리두기'와 'QR코드' 확인만으로 국민의 안전과 건강과 행복을 지켰다고 큰소리쳤던 사람들은 불과 몇 년 가지 않아서 역사와 시대에 씻을 수 없는 과오를 남기게 될 것이다. 오직 과학적 연구와 결론과 거기에서 나오는 진실을 존중하는 과학적 겸손함과 정직함에서만 이 위기를 이겨낼 솔루션이 나온다는 점을 기억해야 한다.

얼마 전 미국의 저명한 과학 전문지인 〈사이언티픽 아메리칸Scientific American〉이라는 잡지에 난 한 칼럼을 읽으며 가슴이 뭉클했다. 칼럼의 제목은 '민주주의를 지키기 위해 과학자들이여 일어나라!'였다.

이 칼럼에 자기 이름을 밝힌 미국 과학계의 리더들은 코로나 팬데믹을 통해 드러난 정치권의 삼권 분립 훼손, 정치적 목적을 위한 사회 분열과 법치주의의 전복 등 심각한 민주주의 훼손을 더 이상 지켜볼 수 없다고 판단하고 다음과 같은 내용의 성명에 과학자들이 동참해야 한다고 밝혔다.

"우리는 미국의 공공 문제에서 민주주의의 견제와 균형의 훼손, 선거 과정에 대한 위협, 법치주의의 전복, 유색 인종, 다른 소수 민족, 이민자들의 비방, 증오와 분열, 여성 혐오, 폭력, 자유 언론에 대한 공격, 혐오 전파 등 바람직하지 못한 일들을 경험하고 있다. 그러므로 과학자들이 민주적 원리에 헌신함으로써, 국가를 민주주의적 자치의 뿌리로부터 벗어나 권위주의를 지향하는 이러한 추세에 맞서야 한다."

이 내용을 보고 무척이나 놀랐다. 여기에서 지적한 미국 정치권의 민주주의 훼손이 조목조목 한국의 현실을 말하는 것 같아서였다.

이 성명에 가장 먼저 서명한 사람들은 8명의 노벨상 수상자를 비롯해서 60명 이상의 미국 국립 아카데미 회원, 전직 고위 공무원, 그리고 대학 총장들이다. 한마디로 미국을 오늘날의 세계 일등국으로 만드는 데 헌신해 온 과학자들과 사회의 리더들이다. 그 영향력 때문일까, 이 기사가 발행된 지 일주일 후, 2,500명 이상의 과학자들이 참여 의사를 밝혔고 4,000명을 훌쩍 넘어섰다.

코로나로 인한 팬데믹 상황과 이로 인한 국가적 위기를 더 이상은 솔루션이 없는 정치권에 맡겨 두지 말고 과학자들이 과학적 방법으로 해결하자는 말이다. 이 말을 나는 한국을 향해 던지고 싶다.

과학자들은 진리와 허구를 분리하고, 신호와 소음을 분리하도록 훈련받는다. 더군다나 팬데믹 상황에서 비대해진 정부가 과학을 권력 유지를 위한 수단으로 왜곡하는 경우가 허다하다. 특히 선거가 있을 경우, 표심을 의식한 나머지 과학적인 경제 전망과 공공 정책 전문가들의 이야기를 외면한 채, 환심용 돈을 뿌리는 한국의 정치권이 대표적이다.

미국 과학계 원로들은 '팬데믹 상황을 빌미로 과학에 간섭하고 왜곡하는 정치적 간섭에 경각심을 가져야 한다'고 과학계를 일깨우고 있다. 이들 과학자들은 미국의 다른 분야, 즉 경제, 스포츠계, 대학과 기업들도 정치권의 왜곡에 대해 대항하여 일어나야 한다고 소리를 높이고 있다.

이 글을 읽고 가슴이 찡했다. 나를 포함한 한국의 과학자들이 겁쟁이라는 생각이 들었다. 코로나 사태가 진행되면서 점점 더 심각해진 문제 중 하나가 바로 이 사태를 정확하게 국민에게 알려야 할 과학자들이 국민의 알 권리를 무시하고 정권에 아부하며 정권의 도구로 전락하고 있다는 것이다. 그런 소식을 들을 때마다 한없이 씁쓸했다.

지난 미국 대선 기간 동안 미국에서는 역사상 처음으로 과학자 집단이 정치적으로 조 바이든 후보자를 지지한다고 발표했다. 이것은 미국 민주당에 대한 정치적 동의를 의미하는 게 아니라 트럼프와 공화당이 기후 변화와 팬데믹에 대한 과학적 사실을 무시한 데 대한 저항이다.

과학자는 진실로 말해야 한다. 진실을 은폐하거나 진실에 대해 침묵하거나 정권의 눈치를 보면서 왜곡하는 그는 더 이상 과학자가 아니다. 진실을 말하는 과학자들이 살아 있는 나라가 이 위기를 헤쳐 나갈 수 있다.

최근 한국의 한 지자체에서 아이 3명을 낳으면 1억을 주기로 했다는 소식에 더욱 경각심이 든다. 출산율이 경직되는 것은 비단 한 국만의 문제가 아니다. 뉴욕, 워싱턴 등 미국 동부를 중심으로 가족 계획에 관한 연구 개발 및 정책 수립을 위해 활동하고 있는 굿마커Guttmacher 연구소는 작년 5월 초 미국 전역의 가임 여성 2,000명을 대상으로 실시한 인터넷 조사를 바탕으로 '출산율의 급격한 추락'을 경고했다.

작년 봄부터 보편화되고 있는 재택근무와 많은 사회적 규제, 사회적 거리두기의 확산으로 사회적 불평등도 심화되고 있다. 코로나로 인해 목숨을 잃은 사람들은 어느 나라를 막론하고 사회적 약자층이 많았다. 미국의 경우는 유색 인종이 훨씬 더 많이 사망했고, 사회 속에서는 여성이 남성보다 더 많이 직장을 잃었으며, 그중에서도 유색 인종인 여성이 압도적이었다.

그런데 잘 알다시피 직장을 잃었다는 것은 의료 보험을 잃었다는 것을 말한다. 이런 사회적 압박 속에서 여성의 출산율도 곤두박질치기 시작했다. 2008년 금융 위기 때에도 여성들의 출산율이 떨어졌다. 여성은 사회·경제적 변화에 가장 취약한 계층이고, 이 취약성이 곧바로 출산율로 직결된다는 점을 기억해야 한다.

이 조사에서는 설문에 응한 여성의 40% 이상이 팬데믹으로 인해 언제 아이를 가질 것인지 또는 몇 명의 아이를 낳을 것인지에 대한 계획이 전혀 없다고 말했다. 전체적으로는 더 늦게 더 적은 아이를 갖게 될 것이라는 의사를 밝혔다.

또 한 가지 중요한 변화는 도시의 인구 이동이다. 우리나라에서도 수도권에 확진자가 집중되면서 지방으로 이동하는 사람들이 늘고 있는데, 이런 현상은 역사적으로 반복되어 왔다. 유럽의 흑사병 때에도 도시에 모여 살던 많은 귀족과 부유층들이 도시를 떠났고, 그 이후 중세 유럽 문화의 중심지였던 파리와 베네치아가 도시 빈민들로 가득했다. 아마 이대로 코로나가 사라지지 않고 계속된다면 우리나라의 주요 도시, 특히 서울을 비롯한 대표적인 도시들도 그렇게 변할지 모른다. 그 이후, 세상은 또 어떻게 변할까.

다행히 영국과 미국 등 선진국은 과학자들의 부단한 노력에 의해 사회 각 분야에서 앞으로 일어나게 될 중요한 이슈에 대해 다양한 형태의 연구를 진행하고 이를 국민들에게 알려 줌으로써 스스로 고민하고 준비할 수 있는 시간을 제공하고 있다.

우리나라는 어떤가. 과학적·역사적 사실에 대해서는 그야말로 '깜깜이'인 상태로 사회적 거리두기와 마스크만 제대로 쓰면 행복했던 일상으로 돌아갈 수 있다고 믿는 사람들이 많은 듯하다. 정말 안타깝다.

작년 초, 한국은 정부 수립 이후 국제 사회로부터 가장 많은 주목을 받은 나라였다. 이른바 신속하고 신뢰도 높은 K-방역 덕분이었다. 그러나 신뢰는 순식간에 사라지고 허망함만 남게 되었다. 백신 확보에 실패하며 집단 면역의 연내 실현은 물 건너갔다. 정치가 과학을 짓누른 결과이다. 한국의 의료 수준과 의료진의 헌신적인 대응을 깎아내리려는 의도는 없다. 단지 돌이켜 보면 일부 정치 편향적인 의료계와 정부가 너무도 밀착해 있다는 점을 간과할 수가 없다. 그러므로 국민 스스로가 이 위기를 통해 잃는 것이 무엇인지, 향후 포스트 코로나 시대를 살아가기 위해 준비해야 할 것인지에 대해서도 관심을 가져야만 한다.

코로나바이러스는 조수처럼 성쇠를 되풀이한다. 그것은 봉쇄를 추진하는 기간과 사회적 완화에 의존하는 기간 사이를 왔다 갔다 하는 것을 의미한다. 만연된 고위험성 전염병은 언제 어떻게 감염될지 모르고 감염이 되어도 상당 기간 증상이 나타나지 않을 수 있기 때문에 관건은 백신 개발에 달려 있다고 할 수 있다. 만일 이것이 늦어지고 활동 제한과 개인의 스트레스로 인해 국민의 면역력이 떨어진다면, 근시안적인 정치적 식견으로는 이 상황을 극복할 수 없다. 백신 개발과 백신 확보가 늦어진 것도 바로 이런 이유다.

그런데 이 전쟁은 백신 확보만으로 끝나는 전쟁이 아니다. 전대미문의 팬데믹은 앞으로도 오랫동안 사람들의 의식과 감성과 삶에 엄청난 영향을 미칠 것이다. 지금 추락한 출산율이 앞으로 한국 사회에 어떤 영향을 미칠지, 팬데믹의 공포를 경험한 어린아이들은 장차 어른이 되어서 어떤 성향의 구성원이 될지, 공격적이고 광범위한 관련 연구들이 이루어지지 않고서는 이 위기를 극복했다고 말할 수 없다.

팬데믹은 예방 주사 한 방으로 해결되는 단순한 유행병이 아니라 세대와 나라와 삶의 방식에 지대한 영향을 미치는 전쟁이다. '사회적 거리두기'와 'QR코드' 확인만으로 국민의 안전과 건강과 행복을 지켰다고 큰소리쳤던 사람들은 불과 몇 년 가지 않아서 역사와 시대에 씻을 수 없는 과오를 남기게 될 것이다.

또한 팬데믹은 단 한 번도 정치적 솔루션에 의해 해결되거나 종식된 적이 없다. 오히려 정치적 방만함이 국민을 우민화하고 무분별한 방종을 조장해서 결국 위기를 불러오는 경우가 더 많았다. 과학적 연구와 결론과 거기에서 나오는 진실을 존중하는 과학적 겸손함과 정직함에서만 이 위기를 이겨낼 솔루션이 나온다는 점을 기억해야 한다. 한국의 과학자들이 침묵하고 왜곡을 묵인하며 정치적으로 악용되고 있는 것을 방치한다면, 자랑스럽게 떠들어

온 K-방역도 이내 바닥을 드러내고 그 때 과학자들이 감당해야 할 사회적 책임과 과학자적 양심의 가책은 결코 가볍지 않을 것이다.

분명하고 의도적인 과학의 정치적 남용에 대해 과학자들은 소리를 내야만 한다. 팬데믹 위기를 극복하고 하루라도 빨리 우리가 원하는 자유로운 민주주의 국가에서의 일상으로 돌아가기 위해서라도 과학자들이 용기 있게 일어나 입을 열어야만 한다.

제8장

탄소 제로, 중국과 인도
비난하기 전에 내가 먼저!

A Deadlier Pandemic Is Coming

탄소 배출을 줄여야 한다는 미국이나 EU의 새로운 연구가 있을 때마다, 버릇처럼 중국과 인도를 빗대어 이야기하는 경향이 있다. 그 대표적인 인물이 미국 트럼프 대통령이다. 트럼프는 인도와 중국의 탄소 배출에 대해서 오랫동안 불만을 토로해 왔고, 작년 대선 토론회장에서도 환경 문제와 파리 협정 탈퇴를 비난하는 여론을 향해서 '미국 탓이 아니다. 중국이나 인도가 얼마나 더럽느냐'고 거세게 반박했다.

트럼프만 이런 말을 하는 건 아니다. 2020년 2월, 캐나다 정치인 피터 맥케이도 '캐나다 전체가 전기와 운전을 중단해도 전 세계 탄소 배출량은 줄어들지 않을 것'이라고 불만을 터뜨렸다. 중국의 무책임한 탄소 배출을 빗대어 한 말이다. 지구 탄소 배출의 28%를 중국이, 7%를 인도가 차지하고 있으니 틀린 말은 아니다. 하지만 이 주장이 전적으로 옳다고 볼 수는 없다.

보통, 한 국가의 탄소 배출량을 계산할 때, 그 국가 내에서 배출되는 탄소량을 기준으로 한다. 공정한 것 같지만 사실 글로벌 노스, 즉 주로 북반구에 자리 잡고 있는 미국과 영국, 일본, 독일, 프랑스 등 선진국들은 산업의 주요 부분을 아웃소싱하고 있다. 메이드 인 차이나 혹은 메이드 인 인디아라고 쓰인 상품이 이들 나라에 얼마나 많은가. 이 제품을 생산하는 과정에서 발생하는 탄소는 모두 중국과 인도의 몫으로 계산된다.

탄소 배출에 관한 정보 통합 및 탄소 제로 활동을 지원하는 온라인 국제단체인 글로벌카본아틀라스의 자료에 따르면, 탄소 배출은 중국과 인도가 가장 많다. 그런데 전력과 시멘트 생산에 사용된 화석 연료에서 배출된 탄소량은 중국보다 미국이 더 많고, 무역에 따른 탄소 배출 규모는 미국과 유럽의 국가들이 압도적으로 높다는 것을 알 수 있다.

물론 중국이 여전히 화석 연료로 공장을 돌리면서 전 세계 배출량의 4분의 1이나 되는 엄청난 탄소를 만들어 내고 있다는 점은

간과할 수 없겠지만, 2012년, 중국이 생산해서 수출한 제품들이 발생시킨 16억 톤의 탄소가 전적으로 중국만의 몫이라곤 보기 어렵다. 특히 철강 생산은 중국 이산화탄소 배출의 약 10%를 차지하고 있는데, 전 세계에서 사용되는 철강의 절반이 중국에서 생산되고 있다. 결국 중국의 탄소 배출에는 선진국도 한몫하고 있다는 사실을 반증한다.

또한 탄소 배출을 생산 분야에서만 보는 것도 한계가 있다는 주장도 있다. 중국과 인도를 비난하는 선진국의 숨겨진 탄소 발자국을 찾아내는 또 하나의 요인은 '막대한 해외 수입'이다. 프랑스의 기후 행동 네트워크는 가난한 나라보다 부자 나라 사람들이 해외에서 더 많은 제품을 자유롭게 구입하고 있으며, 이로 인한 탄소의 이동 역시 고려해야 한다고 주장한다. 즉, 탄소 배출 문제를 국가나 산업적 차원의 문제로 보는 것보다 '한 나라 시민들의 소비와 생활 방식을 기준으로 계산하는 것이 더 정확하다'는 주장이다.

이렇게 소비를 기반으로 하는 탄소 배출을 계산해 보면, 중국과 인도의 탄소 부담이나 이들 국가를 향한 비난은 상당히 줄어들 것이다. 한국도 중국을 비난할 처지가 아니다. OECD 국가 중에서 일인당 탄소 배출량은 호주, 미국의 1, 2위에 이어 룩셈부르크, 캐나다, 에스토니아 그리고 한국이 그다음인 6위이다. 우리도 꽤 탄소 낭비형 국민인 셈이다.

대기 오염을 구체적으로 살펴보면 이 점이 좀 더 명확해진다. 2014년 IEF 통계를 보면 중국에서 발생하는 대기 오염 물질의 5분의 1에서 3분의 1이 수출 상품 생산 과정에서 발생되며, 그중에서 적어도 20%는 미국 기업 상품과 관련이 있다고 한다. 그러니 트럼프의 주장이 틀린 것은 아니지만, 중국의 탄소 배출에는 미국이나 다른 선진국의 책임도 있다는 것이다. 더구나 국민 일인당 탄소 배출량을 계산해 보면 인도와 중국의 국민들은 선진국 국민들에 비해 미미한 수준의 탄소를 배출하고 있다.

더구나 인도는 기후 악당 국가로 불리기에는 억울한 점이 많다. 우선 인도는 파리 협정에서 요구하는 탄소 제로와 관련해서 가장 이상적인 정책을 추진하고 있는 다섯 나라 중 하나이다. 중국, 미국, 독일에 이어 세계 4위의 풍력 에너지 설비를 가동하고 있고, 사용하고 있는 전기의 약 40%를 재생 에너지에서 충당하고 있다. 이런 식으로 2005년보다 탄소 배출을 21%나 줄였다. 나렌드라 모디 인도 총리는 '곧 파리 협정이 요구하는 수준을 넘어설 것'이라고 자신감을 보이기도 했다. 또한 수십 년 동안 기후 변화와 환경 재앙을 겪어온 국민들을 중심으로 시작된 오랜 풀뿌리 환경 운동도 매우 긍정적인 요인들로, 이들은 국내는 물론 국제적 연대를 활발히 확대하면서 자국의 지도자들에게 변화를 촉구하고 있다.

아마존과 GM은 2040년까지 탄소 중립을 선포했다. 애플은 2030년까지 탄소 중립을 목표로 하고 있고, 구글은 2007년부터 탄소 중립을 지키고 있다고 주장하고 있다. 이제 기업도 탄소 제로에 적극적으로 뛰어들어야만 소비자들의 신뢰를 받고 사업적으로도 안전한 시대가 됐다.

그런데 탄소 문제가 국가나 기업만의 이슈는 아니다. 모든 생명은 어쩔 수 없이 탄소를 배출하며 살아간다. 아예 전기를 쓰지 않고 원시적인 삶을 산다고 해도 호흡과 사소한 일상 속에서 매 순간 탄소 발자국이 남는다. 그런데 다른 활동을 통해서 내가 배출한 탄소량을 상쇄함으로써 제로화하는 것을 탄소 제로 또는 탄소 중립이라고 한다. 예를 들어, 집에 태양광 패널을 설치한다거나 전기 자동차를 구입하는 것이다. 아예 차를 버리고 자전거를 이용하거나 걸어서 다니면 더 효과적이다. 나무 심기, 습지 복원 프로젝트에 기부하는 것도 좋다.

하지만 현재 세계 인구의 절반 이상이 도시에 살고 있고, 더 많은 집과 더 많은 도로, 도시 기반 시설이 필요하다. 그만큼 탄소 배출이 증가한다. 인도의 주택 수요를 충족시키기 위해서는 매년 시카고 수준의 도시를 만들어야 한다는 통계도 있다. 도시 개발은 기후 변화에 치명적이다. 현재 탄소 배출의 10분의 1에 육박하는 강철과 콘크리트가 더 많이 필요해진다는 뜻이기 때문이다. 그래서 최근 주목을 받고 있는 움직임이 바로 목조 고층 빌딩 건축이다.

최근 몇 년 동안 목조 건물의 높이가 꾸준히 높아지고 있다. 현재 최고 기록은 노르웨이의 숲에서 공급된 목재로 지은 85미터 높이의 레지던스 호텔로 2019년 3월에 완공됐다. 총18층인 이 목조 빌딩 안에는 29세대의 아파트를 비롯해서 호텔과 수영장, 멋진 식당들이 들어섰다. 하지만 시카고에 들어설 228미터의 목조 빌딩이 완공되면 세계 최고라는 명예를 넘겨줘야 할 것 같다.

건축에 있어서 목재는 철강과 콘크리트를 대체할 수 있는 가장 유망한 자재이다. 그런데 이 목재는 우리가 흔히 알고 있는 그런 목재가 아니라, 건축 공학적으로 재가공된 목재이다. 각각 다른 강도와 구조를 가진 이 목재들은 기존에 사용하던 강철과 콘크리트보다 무게는 최대 80% 정도밖에 되지 않지만, 그 강도나 안정성은 훨씬 뛰어난 첨단 목재이다.

목조 빌딩의 등장은, 이산화탄소의 배출에 큰 변화를 가져올 것으로 기대되고 있다. 케임브리지 대학의 마이클 라미지는 그 도시에 건설된 90평짜리 4층 목조 건물을 예로 들어 설명했다. 같은 건물을 콘크리트로 지었다면 310톤, 강철이 들어가면 498톤의 탄소가 발생했겠지만, 목재로 지었기 때문에 126톤이면 충분했다.

그런데 그건 시작에 불과하다. 나무는 지속적으로 탄소를 흡수해서 내부에 고정시킨다. 그 규모가 대략 540톤 정도 된다고 하니까 이 작은 목조 건물 하나로 탄소 제로 정도가 아니라 엄청난 규모의 탄소 감소 효과가 일어난다. 나무는 죽어서 땅속에 묻히게 되면 짧게는 수백 년, 길게는 수천 년에서 수만 년 동안 인간이 배출한 탄소를 땅속 깊숙이 묻어 둔다. 참으로 고마운 자원이 아닐 수 없다.

나무로 건물을 지으면 나무가 동이 나지 않을까. 그래서 우리의 푸른 숲이 다시 벌건 민둥산이 되지 않을까 하는 우려를 하는 사람들이 많다. 하지만 지속 가능한 숲에서 나무를 채취하면 문제가 없다. 예를 들어, 4인 가족을 위한 가족 크기의 목재 아파트를 만드는 데에는 약 10평 규모의 목재가 필요한데, 유럽의 울창한 숲은 매 7초마다 그 정도 양의 목재가 증가한다. 우리나라에서도 적절한 수위를 정해서 장성한 목재를 사용하고 다시 조림을 하면 충분히 가능한 일이다.

특수 가공된 목재는 불에도 강하다. 또한 시멘트나 콘크리트, 기타 플라스틱에서 발생하는 독가스가 상대적으로 적기 때문에 질식사로부터 그만큼 더 안전하다. 또한 목재 생산이 늘면 그만큼 일자리도 늘어난다. 고층 빌딩이 아니면 대형 건설업체도 필요 없고 웬만한 민간 건축업체들도 4층까지는 공학적으로 전혀 문제없이 지을 수 있다고 한다. 좋은 점이 한두 가지가 아니다.

목재나 흙으로 지은 집에서 살고 싶지만, 화재 등의 안전 문제 때문에 망설였던 시대는 지났다. 기후 온난화 시대에 탁월한 첨단 기술과 만난 목재가 더욱 건강하고 더욱 친환경적인 도시의 가능성을 열어 가고 있다.

제 9 장

환경 안전 없는
인류의 미래는 없다

A Deadlier Pandemic Is Coming

기후가 안정되지 않는 한 지구촌에 평화는 없다. 지금 전 세계적인 탄소 제로 운동 등으로 아슬아슬하게 유지되고 있는 이 평화와 균형은 그야말로 순식간에 무너질 수 있다. 그러므로 우리의 미래와 내 자녀의 미래가 안전하고 행복하기를 바란다면 우리 사회의 민주주의를 지키듯이, 인권과 자녀들의 학교를 지키듯이 탄소 제로와 환경 안전을 지키는 노력에 동참해야만 할 때이다.

육안으로는 거의 볼 수 없지만 '대기의 강'이라는 것이 있다. 하늘에서 물결치는 습기를 가득 머금은 거대한 공기의 띠를 대기의 강이라고 부른다. 그동안 기상 이변에 대한 많은 연구가 있었지만, 이 대기의 강의 영향력에 대해서는 이렇다 할 연구가 없는 편이었다.

그런데 최근 남극의 빙하를 녹이고 있는 것이 바로 대기의 강이라는 분석이 나와서 관심을 모으고 있다.

　대기 중의 강은 주로 열대 지방이나 아열대 지방에서 발생한 수증기가 하늘로 올라가서 형성된다. 그리고 전 세계를 가로질러 흐르다가 종종 폭우나 눈이 되어 땅으로 내려오곤 한다. 얼핏 생각하기엔 추운 남극에 눈이 내리면 눈이 더 단단하게 쌓이니까 녹을 이유가 없지 않을까 생각할 수 있지만, 하루가 다르게 지구가 뜨거워지면서 대기의 강이 눈이 되어 내리는 것보다 폭우가 되어 내리는 일이 더 잦아지고 있다. 게다가 최근 열대 지방의 열기로 인해서 남반구에 있던 거대한 이 대기의 강물이 남극으로 이동해서 엄청난 양의 비가 되어 내린다.

　그뿐만 아니라 종종 이 대기의 강은 쓰나미급 태풍이 되기도 한다. 대표적인 예가 바로 2017년 캘리포니아의 해안을 덮친 태풍이었다. 당시 상황을 촬영한 NASA의 영상[8]을 보면 대기의 강이 강한 고기압 전선과 만나면서 순식간에 무시무시한 태풍이 되어 해안을 강타하는 장면이 나온다. 이 장면을 보면서, 지구 온난화로 인한 기상 재앙은 지금보다 훨씬 더 가공할 위협이 될 수도 있다는

8

생각에 마음이 무거웠다.

독일의 환경 NGO인 저먼 워치German Watch의 새로운 조사 결과에 따르면, 2000년과 2019년 사이에 전 세계적으로 약 11,000건의 극단적인 기상 재해가 발생했고, 이로 인해 160개 이상의 국가에서 약 47만5천 명이 목숨을 잃었다고 한다. 가장 많은 피해를 입은 나라는 푸에르토리코이고, 미국 플로리다 해안에서 1,300킬로 거리에 있는 아이티섬과 동남아의 미얀마가 그 뒤를 이었다. 특히 미얀마는 열대성 폭풍과 다른 기후 스트레스 요인 영향으로, 환경과 건강뿐만이 아니라 경제·정치적인 불안을 야기할 위험이 있는 것으로 분석했다.

이외에 최악의 피해를 입은 10위 국가에는 필리핀, 모잠비크, 바하마, 방글라데시, 파키스탄, 태국, 네팔 등 대부분 지구상에서 가장 가난한 나라들이다. 이들 나라가 기상 이변 재해로 입은 손실은 2조 5천억 달러, 우리 돈으로 약 3천조나 된다. 부자 나라에서도 만만치 않은 규모인데 가난한 나라에게는 거의 회복이 불가능할 만큼 치명적인 손실이다.

저먼 워치의 정책 고문인 데이비드 에크슈타인David Eckstein은 '이번 분석이 폭풍, 홍수, 폭염과 같은 갑작스럽고 단기간에 나타나는 기상 이변만을 고려했을 뿐'이라고 언급하면서, 해수면 상승, 해양 온난화, 빙하 용해와 같은 '완만한 속도의 기상 이변은 감안하지 않았다는 점에서 본다면 드러난 결과보다 더 많은 피해가 진행되고 있는 것'이라고 지적했다.

물론 우리가 잘 알다시피 미국이 입은 피해도 만만치 않다. 거의 매년 연례행사처럼 발생하는 미국 서부의 화재는 지역 주민들에게는 단순한 재산과 인명 손실을 넘어 트라우마로 깊어져 가고 있을 정도이다. 유럽의 선진국들도 예외는 아니다. 최근에는 재난의 영향을 완화하고 위험 감소 전략을 실행할 능력이 있는 선진국들의 피해도 점점 늘고 있다. 점점 더 기상 이변이 심각해지고 있다는 반증이기도 하다. 미국 브루킹스연구소와 유엔재해위험감축본부 등을 포함한 신뢰할 만한 전문기관은, 환경 재앙을 경제적·인적·심리적·사회적으로 치명적인 손실을 가져오는 '총체적 재앙'이라고 말한다.

그러므로 기후가 안정되지 않는 한 지구촌에 평화는 없다. 지금 전 세계적인 탄소 제로 운동 등으로 아슬아슬하게 유지되고 있는 이 평화와 균형은 그야말로 순식간에 무너질 수 있다. 그리고 이미 위험 수위에 다가가고 있는 만큼 대기의 강처럼 낯설고 더욱 강력한 위협들이 언제 어디서 시작될지 모를 일이다. 그러므로 우리의 미래와 내 자녀의 미래가 안전하고 행복하기를 바란다면 우리 사회의 민주주의를 지키듯이, 인권과 자녀들의 학교를 지키듯이 탄소 제로와 환경 안전을 지키는 노력에 동참해야만 할 때이다.

그렇게 환경 지킴이의 안경을 쓰고 다시 보면 최근 빠른 속도로 확산되고 있는 디지털 라이프도 환경 악화에 한몫 단단히 하고 있다. 사실 디지털 기술이 없었다면 이 팬데믹 위기를 견디는 게 상당히 어려웠을 것이다. 사회적 거리두기가 장기화되면서 평생을 누려온 '일상'의 행복이 사라졌지만, 디지털 기술을 바탕으로 한 온라인 서비스를 통해 우리는 집에서 공부하고 운동하고 줌을 통해 일했다. 팬데믹 내내 전 세계의 사람들은 숙명처럼 망설임 없이 디지털 라이프를 선택했다.

그런데 예일대 맥밀란 센터가 디지털로 인해 발생하는 엄청난 규모의 탄소 발자국을 찾아냈다. 연구팀은 작년 1월부터 3월까지 온라인 주문을 중심으로 분석을 했다. 작년 초 세 달 동안 전 세계적으로 컴퓨터 네트워크를 활용한 온라인 주문이 약 40%나 늘었는데, 이로 인해 최대 4,260만 메가와트의 전력을 추가로 사용했다고 한다.

이 연구팀의 카베 마다니Kaveh Madani 선임연구원은 디지털 중심 세계로의 전환은 생각보다 환경적으로 깨끗하지도 안전하지도 않다고 말하면서, 만일 올해도 사회적 거리두기가 계속되고 디지털화가 가속화된다면, 전 세계적으로 3,430만 톤의 이산화탄소 및 온실가스가 증가할 것이라고 예측했다. 이를 제로화하려면 포르투갈 국토 면적의 약 2배 크기의 숲이 필요하고, 또한 컴퓨터 사용의 증가로 인해 늘어난 데이터를 전송하는 데 필요한 에너지를 생산하려면 서울 전체 면적의 2배 정도가 되는 넓은 땅이 필요하다고 한다.

환경만 나빠지는 게 아니라 삶의 질도 떨어진다. 넷플릭스는 2020년 초 세 달 동안 하루에 발생하는 전송 마비 상태가 16%나 더 늘었다고 한다. 숫자로 보면 감이 잘 오지 않지만, 넷플릭스 시청자 6명 중 1명이 매일 넷플릭스를 사용하는 데 불편을 겪는다는 말이니까 보통 일이 아니다. 예일대 연구팀은 YouTube, Facebook, Twitter, Amazon, Netflix, Zoom 등과 같이 앱을 기반으로 한 디지털 서비스 업체들에게 에너지 절감을 위한 조치를 지속적으로 취할 것을 촉구하고 있다. 먼저 자신이 만든 디지털 상품의 탄소 발자국 규모를 공개하고, 사용자들과 함께 탄소 배출을 줄일 수 있는 정보를 공유할 뿐 아니라 관련된 다양한 활동을 해야 한다고 주장하고 있다.

환경을 위해 일상생활에서 빈방의 전기를 끄고 플라스틱 사용을 줄이며 쓰레기를 분리배출 하고 나무를 심는 것과 마찬가지로, 이제는 인터넷 탄소 발자국을 줄일 수 있는 지혜를 발휘해야 하는 시대가 왔다. 그중 한 가지가 비디오 화질을 낮추는 일이다. 수억 명의 인터넷 시청자들이 조금만 화질을 낮춰서 본다면 그만큼 온실가스 배출량이 줄어든다.

인터넷 강국 한국도 예외는 아니다. 관련 통계는 아직 없지만, 한국의 디지털 탄소 배출 규모도 상당할 것이다. 내 집 전기 요금이나 인터넷 사용료를 줄인다는 차원을 넘어 환경을 지키기 위해서, 나의 디지털 라이프를 탄소 제로 라이프로 과감히 변화시켜 가는 노력이 필요한 때이다.

팬데믹으로 온 세상이 단절된 지 1년이 지났다. 그간의 글로벌 상황을 보면, 어느 나라는 공포에 따른 지나친 대응이 있는가 하면 어느 나라는 무지에 따른 방관도 있었다. 미국의 경우를 보면, 민주당 지지자들은 코로나를 공포로 보고 있고, 공화당 지지자들은 상대적으로 무시한다. 그러나 극단적인 공포와 무시는 코로나의 퇴치에 결코 도움이 되질 않는다. 과학과 데이터에 근거하고 전문가적인 판단에 따른 정책이 나와야 한다.

미국은 독특하게 팬데믹 와중에 대통령이 바뀌었고, 또 주마다 정치적 이념이 다른 주지사가 서로 다른 대응 정책을 폈기 때문에 비교 고찰이 가능하다. 지나친 공포 정책을 편 캘리포니아와 대응이 느슨했던 텍사스를 비교해 보면, 사망자 수는 별로 차이가 없음을 알 수 있다. 18세 이하의 죽음은 0.04%에 불과하다. 그럼에도 캘리포니아는 학교의 폐쇄로 학생들의 학력 저하가 심각히 우려되고, 오랜 격리에 따른 경제 침체도 더 심각하다. 또 확진 판정자

중에서 입원자는 1%밖에 되질 않는다. 팬데믹의 확산으로 트럼프가 죽을 쑤던 시기에 거의 매일 기자 회견을 하며 투명한 대응 행정을 자랑하던 이가 뉴욕의 민주당 주지사인 앤드류 쿠오모_{Andrew Cuomo}이다. 그는 양면 작전을 썼는데, 장기간 폐쇄라는 공포 정책을 실행한 한편, 요양원 사망자 수를 반으로 조작하여 국민들의 공분을 사고 대선 후보로서 자격을 잃고 말았다.

우리는 어떤가? 우리 정부는 공포나 무시에 따른 편향적 정책을 편 것으로 보이지 않는다. 단지 지극히 정치적이었다. 중국에서 보균자들이 대규모로 입국할 때 한국 정부는 방관했다. 그 결과는 참혹했다. 한국에서 지하철이나 버스에서 감염이 확산되었다는 증거가 아직 없다. 실내라도 대화를 멈추고 마스크를 착용하기 때문이다. 그런데 아무런 과학적 근거도 없이 야외 집회를 금지시키는 일이나 연휴에 가족 방문조차 금지하는 이상한 정치적 목적의 대응을 봐왔다. 국민이 잘해서 확산이 잠잠해지면 정부의 삐뚤어진 정책이나 시행의 시점을 놓쳐 확산을 조장하곤 한다. 이걸 1년 내내 봐왔다.

지난 2월 24일 통계청의 발표 자료에 의하면, 2020년 사망자 수는 전년 대비 1만 명이 증가(3.4%)하였는데,[1] 특히 80세 이상의 사망자 수가 급증하였다. BBC 방송에 의하면, 선진국 중에서 한국이 전년 대비 초과 사망자 중 코로나로 인한 사망이 기타 이유 사망보다 적은 유일한 나라이다. 이해하기 어려운 통계이다. 1만 명이나 더 사망했는데 대부분이 코로나가 아닌 다른 이유라고 한다. 한국 정부의 공식 코로나 사망자 수는 2021년 5월 현재 1,900명이 조금 넘는 수준이다. 그렇다면 작년 한 해 코로나가 아닌 뭔가 다른 이유로 그 전해보다 8,100명 더 사망했다는 이야기가 된다. 통계청의 자세한 사인에 관한 자료는 아직 나오지 않았으니 추가적인 발표를 독자 여러분과 함께 지켜보겠다.

지난 1년 동안 세계는 엄청난 변화를 목도하였다. 사무실이 아닌 집에서 일하게 되었고, 여행이 금지되면서 스테이케이션Staycation이 늘었다. 에너지 소비도 이에 따라 현저히 줄어 탄소 배출량도 잠시 감소되었다. 전 세계가 몸살을 앓으면서 10년 가까이 걸리던 백신의 개발이 1년 만에 개발되는 기적 같은 일이 일어났다. 이제 각국은 백신 전쟁에 돌입했다. 작년 여름 올림픽 개최가 연기된 가운데 지난 한 해 동안 국가별 코로나 대응 올림픽이 벌어지고 있다. 항상 상위 10위권을 고수하던 한국이 이번 코로나 백신 올림

1

픽에는 완전 하위권에 머물고 있다. K-방역이 부끄럽다. 그럼에도 민간 부문의 사회 각계각층에서 코로나를 이기기 위한 따뜻한 온정이 느껴진다. 역시 한국은 그런 면에서 살 만한 나라인가 보다.

사실 이렇게까지 갈 줄은 몰랐다. 지금 우리 삶의 많은 변화들은 '전례'가 없다고 정의된다. 1년이 넘게 우리는 사회적 거리를 두고 모이지 말기, 뭐든 만지지 말기, 기침과 재채기 억제 연습을 해왔다. 반갑다고 악수하고, 아끼고 사랑하는 사람들을 포옹하고, 공손함이나 애정을 보여 주는 평생의 사회적 규범은 '악'의 범주라고 강요받아 왔다. 이게 진정 삶인가.

보통 한 주 동안, 몇 번이나 다른 이들과 신체적으로 접촉하는지는 셀 수도 없다. 지금 극도의 거리감은 영구적인 변화일까. 백신과 치료제가 개발된다면 어떤 현실로 돌아갈까. '전례'가 없다고 하니 예측도 거의 불가능하다.

코로나로 인한 변화의 한 가지 특징이 사회적 거리두기였다면, 또 다른 한편은 강제적인 친밀감이다. 발병 이후 인류의 절반 이상이 한때 집에 갇혀 있었다. 싫든 좋든 아이들은 부모와 형제자매들과 이전보다 많은 시간을 공유한다. 부부는 일과 가사를 놓고 누구의 일인지 협상의 줄다리기를 한다. 나이 많고 병에 취약한 친척들은 단절된다. 어느 나라를 막론하고 초기 발병의 대부분이 가정에서 발생하였다는 사실은 놀랍지도 않다. 가족은 코로나의 방어벽이면서 전파자이기 때문이다.

위기 상황일수록, 우리는 주변의 사회 집단을 편안한 내부 집단과 다소 신중한 외부 집단으로 나누어 관리한다. 일종의 '편 가르기'다. 현 정부의 특기이다. 그것이 가족일 수도 있고 동네나 회사, 국가일 수도 있다. '편 가르기'는 필연적으로 사회적 디바이드divide를 야기한다. 노숙자들은 대피할 수 없고, 상수도가 없는 집에서 자주 손을 씻을 수 없다. 교도소에 억류된 사람들은 신체적 거리를 둘 공간이 부족하다. 실제로 많은 사상자를 낸 유럽과 미국의 경우 이런 상황이 현저하다. 건강 보험이 없는 사람들은 치료받기를 지연하거나 기피하게 된다. 대중교통에 의존하는 사람들은 항상 많은 인파를 피할 수 없다. 저임금 노동자들은 원격 근무가 불가능하고, 대부분 유급 병가가 없는 직업(예: 서비스, 소매, 청소, 농업 노동)에 종사하기 때문이다. 이런 불편한 진실도 '편 가르기' 측면에선 회피의 대상일 뿐이다.

문화적으로 사회는 '빡빡함tightness'과 '느슨함looseness'이 있다. 한국과 일본은 빡빡한 문화로 일탈에 대해 엄격한 사회적 규범과 벌칙을 가지고 있는 데 반해, 미국과 이탈리아는 느슨한 문화로 사회적 규범이 약하고 더 관대하다. 빡빡한 국가들은 오랜 역사적 자연재해, 침략, 인구 밀집, 병원균 창궐 등 광범위한 위협을 가지고 있다. 문화의 빡빡함 때문에 우리나라가 코로나 피해를 최소화할 수 있었을까? 느슨한 미국에 더 많은 사망자가 나왔을까? 흥미로운 질문이다.

독자 여러분의 건강을 기원한다. 이렇게 엄중한 위기 상황에서 스트레스를 아예 피하는 것은 선택 사항이 아니다. 많은 연구 결과, 스트레스의 영향을 결정하는 것은 스트레스의 유형이나 양이 아니라고 한다. 오히려 마음가짐과 스트레스에 대한 상황 평가가 그 영향을 바꿀 수 있다. '스트레스 관련 성장'도 가능하다고 한다. 스트레스를 받는 경험들이 생리적 강건함을 증진시키고, 삶의 우선순위를 재정비하는 데 도움을 주며, 더 깊은 사랑과 삶에 대한 큰 감사로 연결된다. 빡빡한 한국 사회에서 조금은 느슨하게 스트레스에 대응하다 보면 미래로 나아가는 신선한 에너지가 되어 줄지도 모른다.

1 지금은 팬데믹 시대

1 https://www.nytimes.com/2021/03/29/world/asia/china-virus-WHO-report.
html

3 https://www.sciencemag.org/news/2020/06/why-coronavirus-hits-men-
harder-sex-hormones-offer-clues

4 https://www.nationalgeographic.com/animals/2020/11/why-covid-19-
vaccine-further-imperil-deep-sea-sharks/

5 https://www.pewtrusts.org/en/projects/archived-projects/shark-alliance

6-1 https://www.cnn.com/2020/12/24/opinions/coronavirus-variant-what-weve-
learned-haseltine/index.html

6-2 https://www.nytimes.com/2020/12/23/health/coronavirus-uk-variant.html

7 https://www.wsj.com/articles/pfizer-identifies-fake-covid-19-shots-abroad-
as-criminals-exploit-vaccine-demand-11619006403

8 https://www.nytimes.com/interactive/2021/world/covid-vaccinations-
tracker.html

9 https://www.wsj.com/articles/vaccination-passports-are-new-flashpoint-in-
covid-19-pandemic-11617969467

2 뉴노멀 시대의 일상

1 https://www.garmin.com/en-US/blog/fitness/the-impact-of-the-global-
pandemic-on-human-activity-part-iii/

2 https://www.economist.com/books-and-arts/2020/06/04/the-family-unit-
has-shaped-peoples-experience-of-covid-19

5 https://www.foxnews.com/travel/180-day-around-the-world-cruise-planned-

for-2023-sells-out-in-single-day-operators-confirm

6   https://wttc.org/Research/Economic-Impact

7   https://www.economist.com/the-world-if/2020/07/04/what-if-aviation-
doesnt-recover-from-covid-19

8   https://advances.sciencemag.org/content/3/7/e1700398

9   https://www.nature.com/articles/nature08837

10 https://www.nationalgeographic.com/news/2013/3/130302-dog-domestic-
evolution-science-wolf-wolves-human/

11 https://www.nationalgeographic.com/news/2017/07/dogs-breeds-pets-
wolves-evolution/

12 https://www.nationalgeographic.com/news/2016/05/160520-arctic-foxes-
animals-science-alaska/

14 https://www.economist.com/europe/2020/06/20/french-urbanites-fuss-
about-rustic-noises-and-smells

15 https://www.nationalgeographic.com/travel/2020/05/how-urban-foraging-
became-the-new-way-to-explore-a-city.html

16 https://notastelikehome.org

17 https://www.ecotourism.or.kr

18 https://www.economist.com/business/2020/05/30/working-life-has-entered-
a-new-era

19 https://www.henley.ac.uk/news/2019/four-day-week-pays-off-for-uk-
business

22 https://www.nielsen.com/kr/ko/press-releases/2017/press-
release-20171211/

23 https://docs.cdn.yougov.com/jmra44d668/Channel5_CoronaWFH_200514.
pdf

24 https://www.treehugger.com/study-finds-only-12-percent-us-workers-want-
stay-home-full-time-4848017

25 https://www.gensler.com/

3 팬데믹과 경제 그리고 도시

1   https://www.bbc.com/future/article/20200331-covid-19-how-will-the-

coronavirus-change-the-world

8 https://onoexponentialfarming.com/

10 https://doi.org/10.1073/pnas.0610172104

12 https://www.manhattan-institute.org/expert/nicole-gelinas

13 https://www.city-journal.org/saving-new-york-public-transportation

15 https://thecityfix.com/blog/will-covid-19-affect-urban-planning-rogier-van-den-berg/

16 https://www.theguardian.com/world/2020/mar/26/life-after-coronavirus-pandemic-change-world

17 https://www.wri.org/blog/2020/03/covid-19-could-affect-cities-years-here-are-4-ways-theyre-coping-now

4 기후 팬데믹을 대비하라: 탄소 제로

2 https://www.nature.com/articles/s41558-020-0797-x?fbclid=IwAR0xRkUKsPWMpJW_3gyHXqJHmj5u6npfEsnVcPfE2GZjDwbFnetFXoEEKDo

4 https://www.scientificamerican.com/article/china-says-it-will-stop-releasing-co2-within-40-years/

5 http://news.kotra.or.kr/user/globalBbs/kotranews/3/globalBbsDataView.do?setIdx=242&dataIdx=185966

6 https://news.naver.com/main/read.nhn?mode=LSD&mid=sec&sid1=101&oid=024&aid=0000066874

8 https://www.economist.com/graphic-detail/2020/06/21/the-reinvention-of-japans-power-supply-is-making-little-headway

9 https://www.climate-change-performance-index.org/climate-change-performance-index-2020

10 https://news.naver.com/main/read.nhn?mode=LSD&mid=sec&sid1=110&oid=025&aid=0003001432

11 https://web.stanford.edu/group/efmh/jacobson/

13 https://its.berkeley.edu/news/impacts-green-new-deal-energy-plans-grid-stability-costs-jobs-health-and-climate-143-countries

14 https://web.stanford.edu/group/efmh/jacobson/Articles/I/143Country/19-WWS-SKorea.pdf

5 안전하고 행복한 일상의 재건을 위하여

1 https://foreignpolicy.com/

2 https://covid19.who.int

3 https://apnews.com/article/coronavirus-pandemic-elections-california-gavin-newsom-recall-elections-0201416f3a00e5133a1910c5638f9e79

4 https://www.nature.com/articles/d41586-020-01984-4?utm_source=tw...ganic&utm_source=twitter&utm_campaign=NatureNews_&sf235782547=1

5 https://www.economist.com/special-report/2020/06/18/global-leadership-is-missing-in-action

6 https://n.news.naver.com/article/047/0002273823?lfrom=kakao

7 https://www.hankyung.com/thepen/article/108911

8 https://www.jpl.nasa.gov/news/nasa-estimates-the-global-reach-of-atmospheric-rivers

에필로그

1 http://kostat.go.kr/portal/korea/kor_nw/1/1/index.board?bmode=read&bSeq=&aSeq=388265&pageNo=1&rowNum=10&navCount=10&currPg=&searchInfo=&sTarget=title&sTxt=